Mohammed RADOUANI

Engenharia digital

Mohammed RADOUANI

Engenharia digital

SISTEMA MULTIFÍSICO AERONÁUTICO

ScienciaScripts

Imprint

Any brand names and product names mentioned in this book are subject to trademark, brand or patent protection and are trademarks or registered trademarks of their respective holders. The use of brand names, product names, common names, trade names, product descriptions etc. even without a particular marking in this work is in no way to be construed to mean that such names may be regarded as unrestricted in respect of trademark and brand protection legislation and could thus be used by anyone.

Cover image: www.ingimage.com

This book is a translation from the original published under ISBN 978-620-6-72537-4.

Publisher:
Sciencia Scripts
is a trademark of
Dodo Books Indian Ocean Ltd. and OmniScriptum S.R.L publishing group

120 High Road, East Finchley, London, N2 9ED, United Kingdom
Str. Armeneasca 28/1, office 1, Chisinau MD-2012, Republic of Moldova, Europe
Printed at: see last page
ISBN: 978-620-8-21264-3

Conteúdo

Modelação e **Simulação** ^Multifísica
Distribuidor de travões para aeronaves

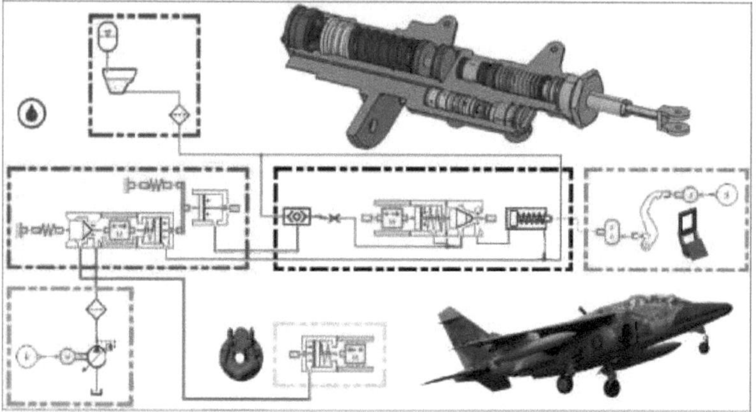

Currículo

Em aeronáutica, os sistemas de travagem das aeronaves são considerados críticos devido à sua influência significativa no comportamento dinâmico e na segurança da aeronave durante a rolagem. São de natureza multifísica, utilizando as gerações hidráulica e eléctrica para desenvolver o atrito mecânico de travagem. O sistema de travagem do avião é geralmente composto por dois circuitos independentes: um circuito hidroelétrico normal, equipado com um sistema antiderrapante comandado a partir dos pedais do leme, e um circuito hidromecânico de emergência.

O desenvolvimento de protótipos virtuais destes sistemas é essencial, uma vez que ajuda a indústria e os cientistas a validar os resultados experimentais e a prever a sua manutenção. Requer o domínio simultâneo de várias disciplinas: mecânica, térmica, hidráulica, tribologia, etc.

Neste contexto, o estudo centra-se no desenvolvimento de uma abordagem de simulação física geométrica cooperativa (co-simulação) para sistemas multidisciplinares. O objetivo é oferecer uma série de vantagens, combinando a rapidez e a robustez da simulação do modelo físico 1D com a sofisticação e a visualização do modelo geométrico 3D-CAD.

A aplicação diz respeito ao estudo do mecanismo hidromecânico que controla, reproduz e regula a pressão de travagem das aeronaves. O objetivo é desenvolver um modelo que considere os principais fenómenos e parâmetros envolvidos no funcionamento do sistema.

Palavras-chave: aeronáutica; travagem de aeronaves; multifísica; CAD; moderação; cosimulação; AMESim.

CAPÍTULO 1

INTRODUÇÃO GERAL

1- Contexto

Nas indústrias de alta tecnologia (aeronáutica, marítima, ferroviária, automóvel, etc.), os utilizadores exigem cada vez mais produtos de alto desempenho que assegurem simultaneamente várias funções em termos de eficácia, segurança e assistência. Esta procura leva os fabricantes a actualizarem as suas gamas de produtos, não só para responder às exigências cada vez mais complexas das especificações, mas também para fazer face à concorrência feroz no mercado mundial. Com o mesmo objetivo, os projectistas mostraram uma forte tendência para sistemas multidisciplinares que abrangem os domínios mecânico, hidráulico, elétrico, térmico, pneumático, informático e outros. Estes sistemas são também designados por sistemas "multifísicos" ou "multidisciplinares".

No domínio da aeronáutica, a maioria dos sistemas das aeronaves são críticos, com diferentes graus de segurança. Com efeito, o seu mau funcionamento pode ter efeitos nefastos para as pessoas (tripulação, passageiros ou pessoas em terra), os bens materiais (a aeronave, o aeroporto, etc.) e o ambiente. Estes sistemas são classificados de acordo com as suas funções:

Sistemas de motor: são os acessórios que geram eletricidade e combustível para o motor da aeronave. Para além do motor, incluem o sistema de ignição, o sistema de abastecimento de combustível e o sistema de controlo;

Sistemas de aviónica: são de natureza eletrónica e eléctrica e incluem sistemas de navegação, comunicação, radar e armas;

Sistemas de segurança da cabina: trata-se de sistemas de conforto e de assistência às pessoas a bordo. São concebidos em disciplinas pneumáticas, mecânicas, térmicas e eléctricas. Incluem os sistemas de ar condicionado, de pressurização, de oxigénio, de desembaciamento, de descongelamento e de assentos ejectores;

Sistemas de controlo de voo: são de natureza hidromecânica ou electro-hidromecânica e são utilizados para acionar as superfícies de controlo da aeronave, a fim de controlar a sua trajetória e configuração aerodinâmica em torno dos três eixos da aeronave (inclinação, rotação e guinada). Incluem os sistemas de controlo do elevador, do leme, do aileron e do estabilizador horizontal;

Sistemas utilitários: São de natureza hidromecânica ou electro-hidromecânica. Ajudam a controlar a evolução dinâmica da aeronave no solo. Incluem o trem de aterragem, os aerobrakes, a direção da roda do nariz e os sistemas de travagem da aeronave.

Estes sistemas devem ser altamente fiáveis em termos da sua capacidade de desempenhar a sua função durante a sua vida útil, essencialmente enquanto a aeronave estiver a voar.

Neste contexto, o objetivo da avaliação do desempenho de um produto aeronáutico em todas as fases do seu ciclo de vida, nomeadamente durante a conceção e a validação, é atingir os objectivos de qualidade e de segurança esperados para esse produto. O desenvolvimento de um produto multifísico deve responder não só a normas de eficácia, mas também de fiabilidade acrescida. Consequentemente, o controlo do seu desempenho torna-se uma necessidade difícil de satisfazer, especialmente quando se junta aos desideratos comerciais de redução de custos e de prazos de entrega mais curtos, contribuindo simultaneamente para a preservação dos recursos ambientais.

O nosso trabalho insere-se na mesma abordagem de avaliação da eficiência e da fiabilidade dos sistemas de aeronaves, e faz parte da proposta de um projeto federativo da Unidade de Investigação Científica e Técnica da Royal Air Force (FRA). O tema deste projeto é a prototipagem virtual de sistemas de aeronaves, desenvolvendo simultaneamente abordagens e métodos dedicados a este objetivo. Estes protótipos contribuirão significativamente para analisar e melhorar a capacidade de manutenção dos componentes dos sistemas de aeronaves.

2- Problemas

O desenvolvimento de modelos numéricos de produtos físicos continua a ser um ativo essencial na análise relevante do comportamento do sistema. Estes modelos virtuais dão um importante contributo económico e ambiental, uma vez que evitam a necessidade de ensaios de materiais dispendiosos e reduzem o tempo necessário para os ensaios funcionais e de integração.

A modelação geométrica contribui para o desenvolvimento de modelos digitais 3D dos produtos que compõem os sistemas. Desta forma, gera uma representação paramétrica 3D concetual virtual que pode ser utilizada para analisar, controlar e simular determinados comportamentos cinemáticos e dinâmicos de peças mecânicas separadamente. No entanto, esta modelização não pode gerar a simulação da evolução no tempo dos parâmetros físicos de sistemas multidisciplinares compostos por componentes hidráulicos, pneumáticos ou eléctricos.

A modelação física permite simular a evolução destes parâmetros, fornecendo uma análise das grandezas dos sistemas e dos seus componentes. Os trabalhos neste domínio conduziram ao aparecimento de um grande número de modelos numéricos 1D, muitas vezes específicos de um determinado domínio (mecânico, hidráulico, térmico, etc.). No entanto, esta modelação tem o inconveniente de desenvolver modelos multifísicos e a impossibilidade de visualizar o comportamento dinâmico e cinemático do conjunto 3D na mesma interface de simulação.

É certo que ambos os processos de modelação tendem a reduzir os custos e os tempos de conceção, limitando os ensaios através do estudo virtual de diferentes soluções e analisando as falhas do sistema para contribuir para a eficiência e a segurança desejadas. No entanto, esta avaliação é incompleta e separada de um processo para outro. Consequentemente, falta uma análise concetual simultânea que permita identificar os diferentes parâmetros físicos da simulação do sistema, visualizando o seu comportamento e a sua animação 3D cinemática e dinâmica. Por conseguinte, para acompanhar as exigências crescentes de segurança, eficiência e restrições técnicas e económicas, é necessário considerar métodos de modelização 1D unificados para todas as profissões. Tal permitirá conceber uma nova abordagem para a simulação geométrica e física simultânea de sistemas multifísicos utilizando software adequado.

3- Contribuições e objectivos

O objetivo deste estudo é desenvolver uma abordagem de modelização física multifísica que conduza à co-simulação geométrica 3D - física 1D (simulação cooperativa). Esta abordagem permitirá estudar, com animação

e visualização, o comportamento dinâmico e cinemático dos sistemas e dos seus componentes multidisciplinares, tendo em conta as variações dos diferentes parâmetros funcionais.

O objetivo é desenvolver um protótipo virtual físico-geométrico para analisar e otimizar o comportamento destes sistemas. Com efeito, apresentaremos um processo de modelação física dedicado ao desenvolvimento de modelos numéricos 1D de sistemas multifísicos que servirão para interligar com o modelo geométrico 3D através de um bloco de interface permitindo a co-simulação e análise do comportamento destes mecanismos complexos considerando os parâmetros dos principais fenómenos envolvidos no funcionamento do sistema.

A nossa abordagem basear-se-á num estudo para identificar as caraterísticas de funcionamento e as propriedades geométricas e físicas de cada componente do sistema multifísico. A utilização deste estudo ajudar-nos-á a desenvolver o modelo físico 1D, adoptando o método orientado para os componentes e o modelo geométrico 3D.

A análise dos resultados das simulações numéricas do modelo 1D permitirá validar e identificar o comportamento dos diferentes componentes e das suas interações. Posteriormente, uma co-simulação geométrico-física permitirá visualizar o comportamento dinâmico dos componentes do sistema e analisar os diferentes parâmetros físicos associados ao seu funcionamento. Esta análise será utilizada para otimizar o comportamento do sistema e prever a capacidade de manutenção dos componentes e do conjunto do sistema. Esta abordagem é aplicável aos sistemas multifísicos, nomeadamente aos sistemas aeronáuticos.

Esta abordagem multidisciplinar de modelização e simulação será aplicada aos sistemas de travagem dos aviões de combate. Estes sistemas são determinantes para o controlo da aeronave durante a rolagem, uma vez que são essenciais durante as diferentes fases de aterragem e de rolagem até à paragem final da aeronave.

4- Plano de leitura

A estrutura do nosso estudo baseia-se em quatro capítulos principais.

O segundo capítulo, de carácter fundamentalmente bibliográfico, apresenta uma breve introdução à natureza multidisciplinar dos sistemas e à metodologia clássica de conceção de sistemas multifísicos. Segue-se uma revisão das principais abordagens à modelação de um sistema multifísico e das várias ferramentas associadas. Esta revisão da literatura põe em evidência o problema da modelação e simulação de um sistema multifísico.

O terceiro capítulo descreverá os sistemas de geração hidráulica e eléctrica, bem como os componentes hidráulicos padrão que constituem um sistema multifísico aeronáutico. Além disso, para tornar a nossa abordagem mais concreta, faremos um estudo detalhado de dois sistemas de travagem de aeronaves, a saber: o primeiro diz respeito ao sistema hidromecânico e o segundo ao sistema electro-hidromecânico equipado com um sistema antiderrapante. Este estudo abrange o princípio de funcionamento e as propriedades geométricas e funcionais de cada um dos componentes destes sistemas. Como resultado, estamos a desenvolver modelos geométricos 3D dos subsistemas multifísicos de travagem de aeronaves.

O quarto capítulo descreve as abordagens à modelação física 1D de um sistema multifísico. Em seguida, apresenta-se a metodologia de modelação que será adoptada, neste caso a abordagem orientada para os componentes. A partir do estudo funcional efectuado sobre os sistemas em estudo, serão desenvolvidos modelos físicos 1D destes sistemas. A modelação proposta é coerente com todos os ofícios e tem em conta todos os aspectos relacionados com a análise dos parâmetros de um sistema multifísico.

O quinto capítulo será consagrado à parametrização da simulação dos modelos físicos 1D com vista à sua validação. Esta validação consiste em simular o ensaio funcional descrito pelo fabricante da aeronave e em avaliar os parâmetros funcionais em relação aos requeridos por este ensaio. Após uma breve apresentação dos conceitos de co-simulação e de modelo numérico, centrar-nos-emos na "interface" entre as ferramentas de modelização de sistemas multifísicos. Para o efeito, desenvolveremos um método de co-simulação entre o modelo físico 1D e o modelo geométrico 3D de um mecanismo de travagem multifísico para a visualização e análise simultâneas do comportamento dinâmico e cinemático do sistema. Por último, analisaremos o parâmetro tempo de resposta do sistema, a fim de otimizar este parâmetro e contribuir para a eficiência do sistema.

A conclusão deste estudo centrar-se-á nos principais resultados obtidos e nas realizações desenvolvidas ao longo dos vários capítulos. Além disso, serão apresentadas algumas pistas de investigação que poderão ser exploradas para complementar e alargar este trabalho.

CAPÍTULO 2

SISTEMAS MULTIFÍSICOS
- CONCEPÇÃO E MODELAÇÃO -

1- Introdução

A globalização dos mercados e as contínuas flutuações económicas obrigam as indústrias a serem mais competitivas, renovando constantemente a sua gama de produtos para se distinguirem dos concorrentes. A indústria automóvel, e a aeronáutica em particular, assistiu a avanços tecnológicos na conceção dos sistemas de componentes para acompanhar esta evolução e garantir o seu bom funcionamento. Isto conduziu ao aparecimento de produtos mais eficazes que englobam várias disciplinas ao mesmo tempo (hidromecânica, electrotérmica, electro-hidromecânica, etc.) para responder às novas exigências de segurança e de eficácia. Os sistemas que compõem estes produtos são cada vez mais complexos e designados por "sistemas multifísicos" ou "sistemas multidisciplinares".

Este capítulo apresenta um estado da arte sobre a natureza multidisciplinar dos sistemas e uma revolução na metodologia de conceção e modelação de sistemas multifísicos. Está dividido em duas partes:

Na primeira secção, apresentamos o conceito de modelação, as principais abordagens à modelação física de um sistema multifísico e as várias ferramentas associadas. Na segunda parte, à luz desta revisão da literatura, identificamos as vantagens e também as limitações de cada abordagem, de modo a evidenciar o problema da modelação e simulação de um sistema multifísico.

2- Aspectos gerais: sistémica e multidisciplinaridade

2.1- Abordagem sistémica *

Antes de aprofundar o problema deste trabalho de investigação, é necessário clarificar um certo número de ideias e conceitos relacionados com a noção de sistema e de engenharia de sistemas.

2.1.1- Conceito de sistema

A definição habitual de sistema DE PENALVA é a de um conjunto de meios organizados orientados para um fim único [1]. Mais precisamente, BREAS define um sistema como uma unidade global organizada de elementos em interação, funcionando e evoluindo em função de um objetivo, imerso num ambiente que age sobre ele e no qual ele age [2]. Esta definição baseia-se no arquétipo proposto por LE MOIGNE: o Sistema Geral, que é descrito por uma Ação (um entrelaçamento de

A sistémica é definida como uma nova disciplina que reúne as abordagens teóricas, práticas e metodológicas relativas ao estudo daquilo que é reconhecido como demasiado complexo para ser abordado de forma reducionista e que coloca problemas de fronteiras, de relações internas e externas, de estrutura, de leis ou de propriedades emergentes que caracterizam o sistema enquanto tal, ou problemas de modo de observação, de representação, de modelização ou de simulação de uma totalidade complexa. São problemas de observação, de representação, de modelização ou de simulação de uma totalidade complexa. São problemas de um sistema (ou sistema de acções) num ambiente ("forrado" de processos) para alguns projectos (finalidade, teleologia) funcionando (fazendo) e transformando-se (tornando-se) [3].

Um sistema pode também assumir a forma de um conjunto estruturado de elementos abstractos, ou seja, uma construção teórica formada pelo intelecto sobre um determinado assunto. Desta forma, o sistema é qualificado pelo observador, que lhe atribui propriedades. Segundo PENALVA, qualquer situação que seja difícil de compreender, antecipar ou controlar é considerada complexa [1]. A complexidade não é uma caraterística intrínseca de um sistema. A complexidade é atribuída ao sistema por um observador. Dependendo das intenções do observador, o sistema pode ser [4] :

Um sistema autónomo num ambiente ;

Um subsistema é uma parte integrada de um sistema;

Um supra-sistema que domina outros sistemas sem os englobar;

Um meta-sistema que engloba sistemas de todos os tipos e lhes dá significado.

2.1.2- *Engenharia de sistemas*

Perante os inúmeros desafios (concorrência, globalização, pressão sobre os custos, os prazos, a qualidade) e os constrangimentos crescentes (financeiros, políticos, ambientais), é necessário dominar a conceção de sistemas e produtos complexos. A engenharia de sistemas foi desenvolvida em resposta a esta necessidade de compreender e dominar os sistemas complexos.

Segundo o IEEE, "a engenharia de sistemas é uma abordagem cooperativa e interdisciplinar para o desenvolvimento progressivo e a verificação de uma solução para o sistema, equilibrada ao longo de todo o seu ciclo de vida, satisfazendo as expectativas de um cliente e aceitável para todos" [5]. De acordo com MEINADIER, a engenharia de sistemas é um processo colaborativo e interdisciplinar de resolução de problemas que se baseia em conhecimentos, métodos e técnicas da ciência e da experiência para definir um sistema que satisfaça uma necessidade identificada [6]. Podemos também definir a engenharia de sistemas como uma abordagem baseada em fundamentos conceptuais e técnicos heterogéneos que podem ser utilizados para resolver problemas [7]. É utilizada em particular para :

Conceber, desenvolver e verificar um sistema que forneça uma solução para uma necessidade operacional identificada, de acordo com critérios de eficiência mensuráveis [8] ;

Satisfazer as expectativas (qualidade, inovação, desempenho) e os condicionalismos (prazos, custos, desempenho, segurança operacional) de todas as partes interessadas e ser aceitável para o ambiente;

Equilibrar e otimizar todos os aspectos da economia global da solução ao longo do ciclo de vida do sistema.

2.2- Sistemas multidisciplinares

2.2.1- Sistema multifísico

Um sistema multifísico é um sistema que integra várias disciplinas físicas: mecânica, hidráulica, informática, eletricidade, etc. (Figura 1). No entanto, esta integração simultânea de disciplinas aumenta consideravelmente a complexidade do sistema, mesmo ao nível da sua conceção, modelização e estudo. Esta multidisciplinaridade favorece a eficácia do funcionamento e também uma menor desorganização em termos da multiplicidade de funções que fornecem aos sistemas. Daí a emergência de métodos de conceção que permitem aos projectistas integrar simultaneamente todas as disciplinas. A maior parte das indústrias está a viver esta evolução nos seus sistemas, nomeadamente a indústria automóvel, ferroviária e aeroespacial.

Neste estudo, partimos do princípio de que os tipos de complexidade podem ocorrer em conjunto ou separadamente. Por isso, incorporá-los-emos implicitamente na nossa abordagem. Entre as designações atribuídas à classificação dos sistemas que também são considerados multifísicos, citamos: sistema complexo e sistema mecatrónico.

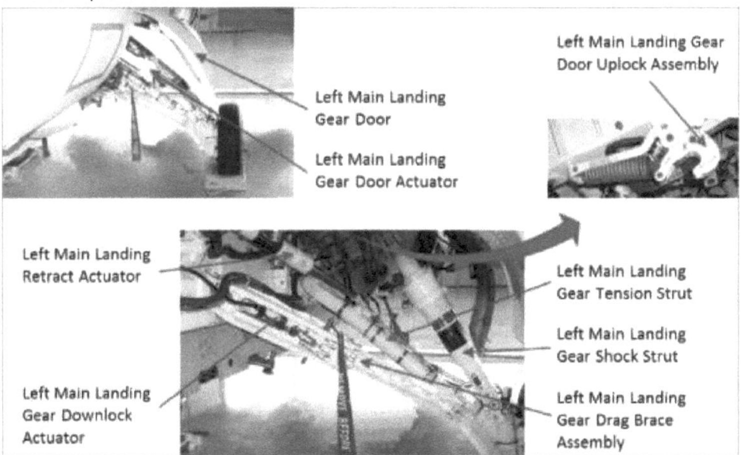

Figura 1: *Sistema multifísico para o trem de aterragem de aviões de combate*

2.2.2- Sistema complexo

Por complexos, entendemos os sistemas a nível orgânico, estrutural e evolutivo, compostos por entidades ou agentes que interagem de forma estrutural não linear e realizam actividades com vista a atingir um determinado objetivo. Esta complexidade é de vários tipos [9] :

■ **Estrutural:** a estrutura, a organização, o número de entidades e a natureza das ligações são tidos em conta em conjunto, o que dificulta a modelação e o tratamento da informação associada;

■ **Algoritmos:** a complexidade aqui é intrínseca e destina-se a problemas difíceis de apreender e compreender. Neste caso, é necessário recorrer a métodos de solução específicos (por exemplo: heurística);

■ **Comportamental:** deste ponto de vista, a evolução do sistema, embora utilizando modelos de representação e algoritmos simples,

é imprevisível e resulta na emergência espontânea de formas e comportamentos complexos (por exemplo, o caos determinístico).

Um sistema complexo é, pela sua própria natureza, multi-tecnológico (Figura 2), o que implica necessariamente que a sua conceção seja multi-disciplinar, desde a análise da necessidade inicial até à maquete digital global que define o produto a industrializar 10]. Responde a uma necessidade definida pelas especificações funcionais:

ao longo do seu ciclo de vida;

interagindo e comunicando com o seu ambiente;

baseada numa estrutura mecânica cujo comportamento é gerido de forma algorítmica, utilizando recursos electrónicos e energéticos, ...

Figura 2. *Sistemas complexos de navegação de aeronaves*

2.2.3- *Sistema mecatrónico*

A mecatrónica, este neologismo, é uma combinação de vários domínios que engloba uma abordagem que visa a integração sinérgica de diferentes disciplinas na conceção e fabrico de um produto, com vista a aumentar ou otimizar a sua funcionalidade. Isto levanta a questão de saber o que é exatamente a "mecatrónica" e quais as disciplinas envolvidas.

As definições actuais descrevem a mecatrónica como uma interação entre a eletrónica, a mecânica e a tecnologia da informação [11]. A definição de BOLTON de 1999 [12] :

"Um sistema mecatrónico não é apenas um casamento de sistemas eléctricos e mecânicos e é mais do que um simples sistema de controlo; é uma integração completa de todos eles.

A definição utilizada pela revista internacional IEEE, Transactions on Mechatronics [13, 14] :

"A mecatrónica é a combinação sinérgica da engenharia mecânica com a eletrónica e o controlo inteligente por computador na conceção e fabrico de produtos e processos industriais.

Um sistema mecatrónico típico consiste num sistema incorporado que controla um sistema físico através de actuadores, sensores, controladores, interfaces informáticas de hardware e software (Figura 3). Entre estes componentes estão envolvidos vários dispositivos de deteção, aquisição e transferência de informações.

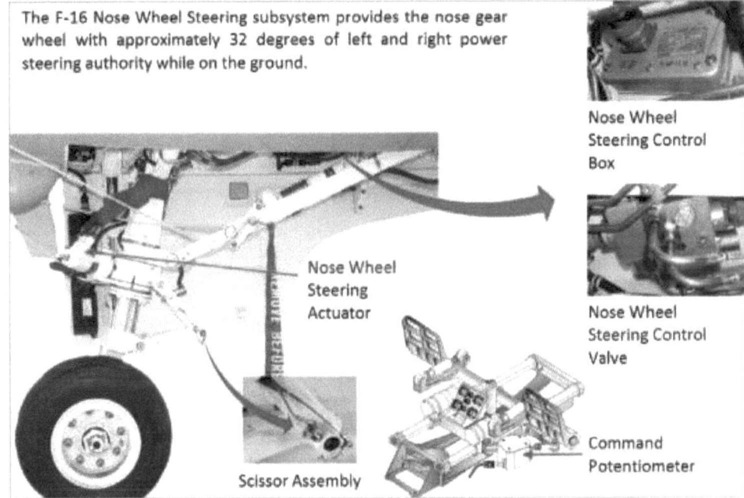

Figura 3: *Sistema de direção mecatrónica para a aeronave F16 no solo*

Historicamente, os sistemas complexos tornaram-se mecatrónicos. Eis alguns marcos que o ajudarão a contextualizar a mecatrónica:
Antes de 1950, os sistemas complexos eram essencialmente conjuntos electromecânicos. A década de 1950 assistiu ao advento dos semicondutores e nasceu a eletrónica de controlo e de potência. Nos anos 60 e 70, o aparecimento de computadores fiáveis permitiu a conceção de sistemas de controlo programáveis que eram mais potentes e flexíveis. Mais recentemente, o desenvolvimento de microcontroladores de alta integração e de memórias Flash, bem como a utilização de linguagens de programação avançadas, tornaram

possível a conceção de sistemas mecatrónicos de elevado desempenho em prazos muito curtos. De acordo com a norma NF E 01-010 publicada em 2008 [15], a mecatrónica é definida como :

"A mecatrónica é uma abordagem baseada na integração sinérgica da mecânica, da eletrónica, da automação e das tecnologias da informação na conceção e fabrico de um produto, com vista a aumentar e/ou otimizar a sua funcionalidade.

Atualmente, os sistemas mecatrónicos envolvem principalmente quatro disciplinas [16] (Figura 4):

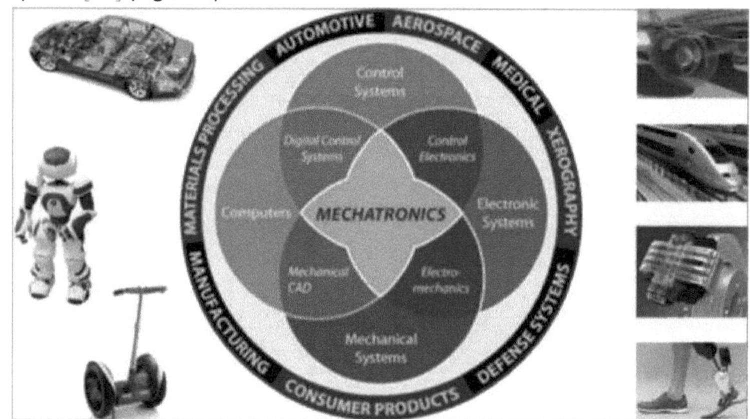

Figura 4. *Disciplinas de um sistema mecatrónico*

Mecânica: sob a forma de mecanismos e materiais (estática, dinâmica, RDM), mas também hidráulica e pneumática.

Eletrónica: controlo e potência (microcontroladores, pontes de potência, conversores).

TI: (tempo real, redes, processamento de sinais).

Controlo automático: (servocontrolos lineares e não lineares, estratégias de controlo-comando).

3- Conceção de um sistema multifísico

A conceção de produtos consiste em conceber, desenvolver e comercializar um novo produto diferente dos produtos existentes e que satisfaça as necessidades do utilizador. Este produto ou sistema industrial cumpre uma função que está diretamente ligada às necessidades de um cliente utilizador, enquanto que a mesma função pode ser realizada através de uma multiplicidade de sistemas.

Os objectivos de conceção de um sistema são expressos em termos das especificações de desempenho desejadas. Por definição, uma conceção perfeitamente bem sucedida é aquela que cumpre com precisão os objectivos da conceção (critérios e especificações da conceção).

A necessidade de satisfazer as necessidades do cliente utilizador final exige uma reflexão aprofundada e etapas de formalização essenciais, nomeadamente durante a fase de conceção do produto. De um modo geral, o desenvolvimento de um produto envolve três níveis de ação: o gabinete de conceção, responsável pela conceção do produto, o gabinete de métodos e o pessoal de supervisão, responsáveis pela execução da conceção, e a oficina, responsável pelo fabrico.

A conceção (também designada por fase de estudo ou fase de definição) é uma das fases do ciclo de vida de um produto industrial (Figura 5).

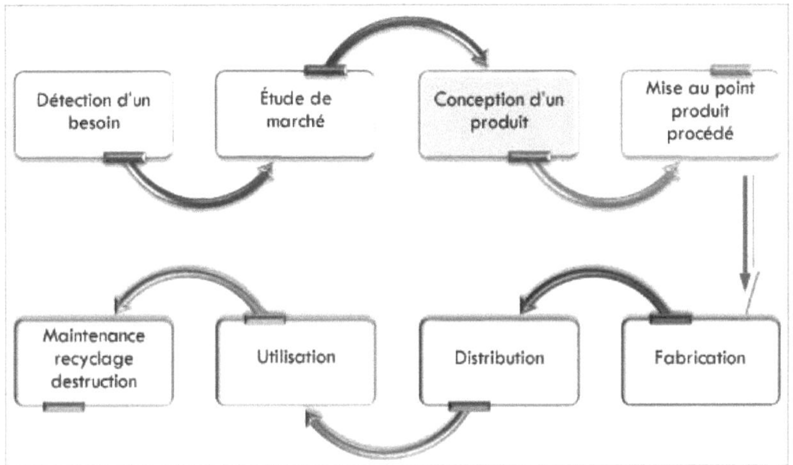

Figure 5. *Phases de cycle de vie d'un produit industriel*

3.1- Metodologia de conceção tradicional

A conceção clássica de sistemas complexos envolve normalmente duas decomposições:

Sequencial: decomposição sequencial da conceção em função do ciclo de vida do produto. Estes são estudados um após o outro:

estudo/conceção do produto;

o processo de fabrico ;

distribuição de produtos (aspeto comercial);

manutenção do produto.

Profissões: decomposição do produto em subsistemas de "profissões". Cada profissão intervém sequencialmente de acordo com uma abordagem processual da conceção:

mecanismos separados por disciplina ;

motorização ;

controlo e comando ;

de energia.

A abordagem "sequencial e orientada para o trabalho" foi adoptada para a conceção de sistemas multidisciplinares, como os sistemas electromecânicos. Consiste em dividir o sistema multifísico em vários subsistemas (cada um dependente de uma única disciplina física) e em estudar estes subsistemas separadamente. Com efeito, o mecânico concebe os mecanismos mecânicos, o engenheiro eletrónico elabora as especificações funcionais da máquina (actuadores, sensores, placas electrónicas, etc.) e o informático procede à implementação concetual dos algoritmos num automático predefinido.

Este método de conceção não permite que nos concentremos na otimização do sistema multi-tecnológico e na sua integração global. Esta exigência já não pode ser satisfeita através de uma divisão por disciplinas. De facto, a partir das propriedades das diferentes partes, não é trivial deduzir o comportamento do conjunto e assegurar assim a sua máxima eficácia [6]. Por outro lado, na abordagem sequencial, mesmo que cada um dos especialistas trabalhe o mais eficazmente possível, o seu isolamento faz com que só tenha uma ideia parcial da conceção do sistema global, o que pode levar a problemas de interface entre os subsistemas. Esta abordagem já não é compatível com as exigências dos mercados actuais: maior qualidade, custos mais baixos, tempos de conceção e de fabrico mais curtos, miniaturização e integração, manutenção mais adequada, reciclagem, globalização dos mercados, etc. Por conseguinte, é necessária uma nova abordagem para a conceção de sistemas complexos, que permita otimizar o produto como um todo e não apenas em parte.

Uma combinação de diferentes tecnologias só pode ser óptima se estiverem reunidas as duas condições seguintes:

foi criada uma verdadeira comunicação entre os diferentes especialistas;

a interconexão das diferentes disciplinas é tida em conta no processo de conceção.

Daí o aparecimento de métodos que se baseiam na necessidade de engenheiros e técnicos de diferentes domínios trabalharem em conjunto de forma muito mais estreita do que anteriormente. Trata-se agora de saber integrar as diferentes tecnologias para que interajam entre si da melhor forma possível.

3.2- Abordagem de conceção multifísica

A conceção de sistemas multifísicos deve considerar o sistema como um todo, de forma concorrente, em vez de conceber os aspectos do sistema separada e sequencialmente. Esta conceção implica um novo olhar sobre o próprio processo de conceção e uma consideração formal da transferência de informação e energia entre os componentes do sistema. É neste contexto, em particular, que surge a noção de engenharia simultânea, tal como utilizada no PLM (Product Life Cycle Management). Também conhecida como engenharia simultânea, abordagem mecatrónica ou abordagem de sistemas [11].

3.2.1- Engenharia colaborativa e concorrente

O seu objetivo é inserir a conceção do produto no seu ciclo de vida global e constitui a própria essência da abordagem mecatrónica. Permite a conceção de funções acopladas através da integração de aspectos mecânicos, electrónicos e informáticos [17]. Esta abordagem pluridisciplinar implica que a conceção se baseie no conceito de co-desenvolvimento (ou co-conceção) do sistema mecânico, do hardware, do software e das interfaces de trabalho, com a reunião de uma base de dados técnica e de um modelo digital global do sistema. É o recurso único que pode ser utilizado por todas as ferramentas "profissionais", sejam elas mecânicas (elementos finitos, etc.), eléctricas (compatibilidade electromagnética, etc.) ou informáticas.

O conceito de base desta nova abordagem é a comunicação entre os diferentes intervenientes na conceção de um sistema multifísico. Equipas constituídas por engenheiros com formação multidisciplinar trabalham em conjunto com equipas comerciais mais especializadas, assegurando um diálogo permanente e garantindo a coerência dos diferentes estudos. Isto permitirá ter em conta, desde a fase de conceção, as diferentes fases do ciclo de vida do sistema (fabrico, controlo, manutenção, etc.) e prever soluções inovadoras que resultem num produto mais preciso e com melhor desempenho do que um produto não multifísico [18]. Isto justifica a aplicação desta sinergia de conceção em muitos sectores.

3.2.2- V ciclo de conceção

A abordagem do ciclo V foi adoptada como referência para a conceção de sistemas multifísicos [19].

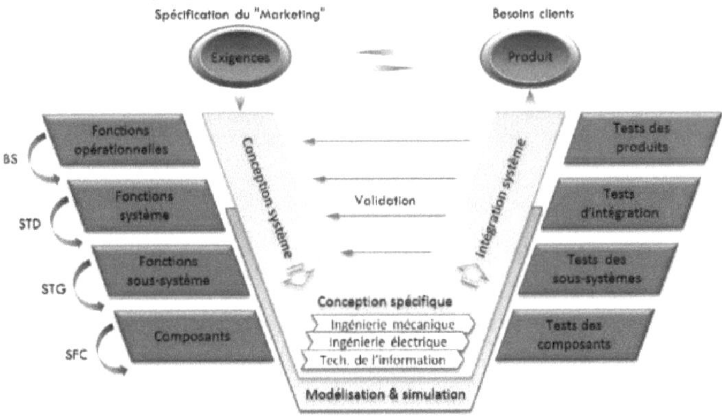

Figura 6. *Ciclo V para a conceção de um sistema multifísico*

Ou : BS (Besoin et Specification) ;   STD (Specification Techniques Detaillees) ;
sTG (Especificação Técnica Global); sFC (Especificação de Fabrico de Componentes).

A figura 6 ilustra o processo de conceção baseado no princípio deste ciclo, que passa pelas três fases principais seguintes:

Fase de conceção do sistema ;

Fase de conceção específica ;

Fase de integração do sistema.

O ponto de partida do ciclo de conceção é a especificação dos requisitos, que exprime as expectativas e necessidades a satisfazer pelo sistema a desenvolver.

O objetivo da fase de conceção do sistema é definir, a partir dos requisitos das especificações, um conceito de solução que descreva os principais aspectos lógicos e físicos do futuro sistema. Para o efeito, a função principal do sistema é dividida em subfunções. A cada subfunção é atribuído um princípio de funcionamento ou elementos de solução. O desempenho de cada subfunção é verificado no contexto do sistema.

A fase de conceção específica é dedicada à definição mais pormenorizada de cada elemento da solução do sistema. Esta fase é geralmente realizada separadamente por disciplina técnica (por exemplo, mecânica, eléctrica) e pelos especialistas comerciais correspondentes.

A fase de integração do sistema consiste em reunir os elementos ou componentes produzidos separadamente na fase anterior, para formar gradualmente o sistema completo. É então possível estudar as interações entre os vários elementos do sistema, bem como o comportamento do sistema global. No final do ciclo, o sistema desenvolvido é avaliado através da comparação das suas caraterísticas e desempenho com os requisitos das especificações.

Um sistema complexo raramente é concluído num único ciclo. Na realidade, é necessária uma série de ciclos. Por exemplo, num primeiro ciclo, o sistema é especificado funcionalmente, os principais conceitos e elementos de funcionamento são definidos, dimensionados de forma aproximada e as suas caraterísticas e propriedades são verificadas no contexto do sistema global. O resultado é geralmente um protótipo de laboratório. Num segundo ciclo, a definição do sistema é refinada (dimensionamento fino dos componentes, simulação detalhada do comportamento, etc.), culminando num protótipo funcional. Em função do progresso do desenvolvimento e da complexidade dos problemas em causa

Em caso de problemas deste tipo, pode ser necessário um certo número de ciclos suplementares para atingir a fase de produção industrial.

O projeto é assim dividido em vários subprojetos a diferentes níveis. As equipas encarregadas de conceber o produto desenvolverão e testarão todas as soluções possíveis e o ciclo V será sucessivamente percorrido várias vezes, total ou parcialmente, até se encontrar uma solução óptima. Por esta razão, é preferível implementar ciclos de iteração o mais cedo possível no ciclo de conceção para o acelerar.

Em suma, a conceção multifísica de produtos não deve envolver apenas os projectistas, mas também as pessoas responsáveis pelo desenvolvimento do processo, pelo fabrico do produto, pela sua comercialização, manutenção e reciclagem. A este respeito, a conceção simultânea em vez de sequencial, tendo em conta as interações entre disciplinas, é benéfica. Daí a importância de desenvolver uma abordagem multifísica para a modelação de sistemas multidisciplinares.

4- Modelação de um sistema multifísico

4.1- Conceito de modelo

4.1.1- Definições

Etimologicamente, a palavra "modele" vem do latim "modullus", um diminutivo de "modus" (medida). Inicialmente, este termo foi utilizado no domínio da arquitetura para designar uma medida arbitrária utilizada para estabelecer as relações entre as diferentes partes de um edifício em construção. Posteriormente, passou a designar qualquer atividade de modelização: um modelo pode ser definido como uma descrição abstrata de uma realidade física, que pode ser utilizada no processo de conceção.

O carácter muito geral desta definição dá-nos uma ideia do "mundo da modelação". A modelação é o conjunto das ferramentas matemáticas, numéricas e informáticas que se combinam para construir um modelo virtual (ou modelo informático) de um objeto real. Este objeto pode ser mais ou menos complexo, mais ou menos esquematizado. Pode ser fruto da imaginação, de uma tendência ou de uma solução mais ou menos exacta para um determinado problema físico, ou mesmo um compromisso entre os dois. Por definição, um modelo é uma simplificação da realidade, porque se tivesse todos os atributos da realidade, já não seria um modelo, mas a realidade. Assim, o modelo será uma "imagem" (e não uma cópia) do original que satisfaz as caraterísticas funcionais e de desempenho previamente definidas pelo observador ou projetista. O sistema em estudo é designado por sistema primário. Um modelo é uma representação da realidade e é designado por sistema secundário.

Os termos "modelo" e "representação" são muito polissémicos e, por vezes, sinónimos. O termo "modelo" pode ser tomado num sentido "ante": um objeto a imitar, uma matriz; ou num sentido "post": um objeto que reproduz uma parte da realidade (uma representação). Em ambos os casos, o modelo é uma ferramenta utilizada para fazer ou aprender algo [20].

4.1.2- Tipos de modelos

As etapas de um processo de modelação informática produzem diferentes tipos de modelos. Utilizaremos os termos utilizados por VANBERGUE [21]:

Um modelo de domínio define os dados, os comportamentos e os pressupostos utilizados no sistema de destino. É frequentemente descrito em linguagem natural;

Um modelo de conceção é uma versão formalizada do modelo do domínio, na qual são integradas as restrições criadas pela ferramenta de modelização. Um modelo de conceção é uma versão "em papel" comunicável do modelo operacional;

Um modelo operacional é o próprio modelo informático, implementado na máquina e utilizado como base para as simulações.

Os modelos disciplinares fornecem um conhecimento parcial de um sistema observado de um determinado ponto de vista e a uma determinada escala. Proporcionam uma abordagem precisa de um aspeto específico de um problema, mas só uma abordagem que integre diferentes pontos de vista e diferentes escalas pode esclarecer o funcionamento do sistema no seu conjunto. Daí a necessidade de modelos interdisciplinares relacionados com a modelação de sistemas gerados pela gestão de diferentes disciplinas.

4.1.3- *Modelos de simulação*

Os modelos de simulação - doravante designados simplesmente por modelos - são representações simplificadas de sistemas que evoluem ao longo do tempo. Podem ser utilizados para fins de previsão: partindo do estado atual do sistema e partindo de pressupostos sobre a sua dinâmica evolutiva, uma simulação pode ser utilizada para descrever os estados futuros do sistema para diferentes cenários. A relevância dos modelos preditivos reside no facto de fornecerem informações adicionais depois de os parâmetros de um sistema terem sido estabelecidos.

Mas no domínio da multidisciplinaridade, os sistemas considerados são imprevisíveis pela sua natureza complexa. A dinâmica desses sistemas emerge de interações localizadas, interdependentes e distribuídas por diferentes escalas. Apresentam fortes caraterísticas de não-linearidade e de dependência da história do sistema.

Modelos explicativos, cujo objetivo não é prever o estado futuro de um sistema, mas lançar luz sobre o seu funcionamento atual. DORAN fala dos 'benefícios suaves' da modelação: evidenciar uma lacuna no conhecimento, dar um contributo pedagógico, um meio de comunicar e concentrar o pensamento [22].

4.2- Modelação do sistema

4.2.1- *Modëlização com dëcomposição estrutural*

Um modelo de um sistema é geralmente uma descrição abstrata do sistema utilizando uma determinada teoria ou linguagem simbólica. É uma representação simplificada (modelo) ou abstrata (diagrama, representação gráfica, equações matemáticas, etc.) de um sistema físico. Os modelos podem ser utilizados para uma variedade de tarefas: <u>na conceção,</u> os modelos que representam soluções alternativas ajudam a testar o comportamento de um dispositivo tecnológico antes da sua construção; num problema de monitorização, um modelo pode revelar uma falha no sistema.

A modelação tradicional baseia-se numa decomposição fixa e estrutural. Assim, o sistema (Figura 7) é composto por:

uma parte operacional (PO) que agrupa todos os mecanismos e actuadores do sistema global;

uma unidade de controlo (PC) que gere o comportamento global do sistema;

interfaces entre a OP e o PC, e com o ambiente do sistema (pré-actuadores, sensores, interface homem-máquina, etc.).

Cada uma destas partes é então modelada independentemente das outras, utilizando ferramentas incompatíveis (CATIA, MATLAB, AMEsim, SPICE, etc.), quer do ponto de vista estrutural quer do ponto de vista comportamental.

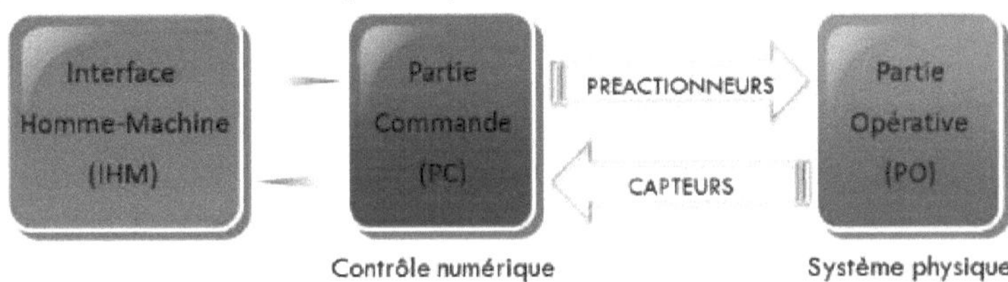

Figura 7. *Arquitetura PO-PC*

Esta divisão separa as profissões da mecânica e do controlo-comando (eletrónica, mecânica, eletromecânica e informática). Consequentemente, não permite uma modelização fiável do sistema multifísico real, nem uma verificação simples da coerência do seu comportamento.

4.2.2- Níveis de abstração do modelo de sistema

Na maioria dos casos de conceção, não é possível responder às questões que se colocam com um único modelo. São necessários modelos diferentes para descrever as diferentes fases do projeto. Consequentemente, as ferramentas de conceção assistida por computador são adaptadas para modelar e calcular os modelos correspondentes. Estas ferramentas podem ser classificadas de acordo com o seu papel durante o processo de conceção descrito pelo ciclo V. Assim, as diferentes fases de conceção estão associadas a ferramentas de simulação que satisfazem os diferentes níveis de abstração necessários. Este nível de pormenor é geralmente designado pelos projectistas como nível de abstração [23].

A modelização pode começar quando o nível de abstração tiver sido definido pelo designer e validado por todos os colaboradores do projeto, de acordo com as especificações. Identificámos quatro níveis de abstração (Figura 8):

Nível funcional: define as funcionalidades que o produto deverá oferecer (tradução das exigências expressas pelo cliente em Especificações Técnicas de Necessidades) e as situações de vida com que será confrontado. Trata-se de nomear as funções do sistema em estudo e descrever os seus estados sucessivos quando um evento é posto em ação, ou seja, :

⌐ efetuar uma análise funcional "interna" de uma solução, do ponto de vista estrutural e comportamental;

⌐ a caraterização da solução por todas as especificações funcionais e não funcionais, sob a forma de restrições e relações sobre os parâmetros caraterísticos do sistema.

Nível do sistema: representa uma visão física do produto, na medida em que a arquitetura do sistema (número de subsistemas necessários para assegurar as diferentes funções, natureza das interações entre eles, etc.) já está delineada. Certas escolhas tecnológicas são, portanto, implicitamente decididas aquando da redação das especificações técnicas globais.

A este nível, o modelo descreve o comportamento do sistema físico e dos comandos. Esta representação inclui "diagramas de blocos" que contêm os parâmetros de comportamento do sistema sob a forma de ganhos, tabelas, curvas, atrasos, operadores matemáticos, etc. Este tipo de descrição é designado por *fluxo de sinal* e tem um carácter puramente matemático.

Nível do subsistema: cada subsistema definido ao nível do "sistema" é considerado como um órgão do produto inicial. Para clarificar a sua conceção, cada componente deve, por sua vez, ser decomposto em subsistemas (componentes).

Desta vez, as novas escolhas arquitectónicas e tecnológicas são documentadas em especificações técnicas pormenorizadas. Trata-se, portanto, de um nível macroscópico de modelização em que os componentes são interligados por regras baseadas na troca de energia nas interfaces. Estas interfaces são designadas por "portos" e os componentes são representados como "multiportos".

A modelação a este nível baseia-se na estrutura dos modelos em elementos e na sua interface e distingue-se do nível "sistema" pela propriedade de conservação da energia. Esta última é bem conhecida em diferentes áreas da física: a lei de KIRCHHOFF na eletricidade, a terceira lei DE NEWTON na mecânica, etc. A abordagem estruturante da linguagem multiportas utilizada contribui para a exploração de todas as propriedades dos modelos e para a tomada em consideração dos aspectos tecnológicos dos ofícios, que condicionam frequentemente as hipóteses de modelização.

Nível geométrico: Neste nível, os modelos incluem tanto os parâmetros que descrevem a geometria 2D ou 3D, como as leis de comportamento dos materiais. O problema é definido por equações diferenciais parciais (EDPs) que são processadas através de uma discretização ou malha da geometria (elementos finitos, diferenças finitas, volumes finitos, etc.).

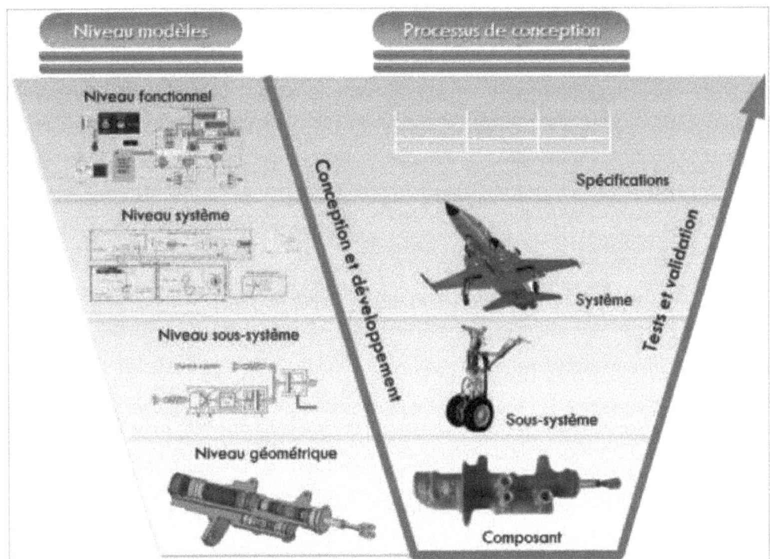

Figura 8. *Níveis de abstração associados ao ciclo V*

Os critérios que consideramos para esta modelação dependem do tipo de verificação que pretendemos efetuar posteriormente. Foram definidas linguagens de expressão de modelos especificamente para os diferentes critérios a observar. Apresentamos algumas delas para dar uma ideia da diversidade do mundo da modelação de sistemas:

J Modelação física 1D: representação da arquitetura de um sistema utilizando linguagens de modelização sob a forma de um conjunto de componentes

em interação. O sistema será descrito essencialmente do ponto de vista da sua estrutura: as caraterísticas intra-componentes, bem como as caraterísticas inter-componentes (as interações).

J Modelação geométrica 3D: representação de um sistema num espaço tridimensional

4.2.3- Prototipagem virtual

Os níveis de abstração acima descritos estão associados a diferentes tipos de ferramentas de modelização e simulação que definem uma "plataforma" para a "prototipagem virtual". Num problema de conceção de protótipos virtuais, uma das tarefas mais difíceis é a fase de modelização, 24 , que exige :

encontrar um nível de abstração adequado ao problema de conceção em questão ;

ser capaz de descrever os diferentes fenómenos que intervêm no sistema e de identificar se se enquadram no nível de abstração exigido;

representam estes diferentes aspectos de uma forma unificada, mesmo que pertençam a diferentes áreas da física (mecânica, eletricidade, hidráulica, etc.).

É evidente que o modelo único que representa o protótipo virtual de toda a plataforma não é realista. De facto, podemos considerar que existem quase tantos modelos como perguntas, e ferramentas mais adequadas do que outras (ou completamente inadequadas) para responder a certas perguntas. Isto conduz a um "ambiente de conceção integrado", composto por diferentes ferramentas que não devem ser consideradas independentemente umas das outras, a fim de assegurar a continuidade do ciclo de conceção.

As especificações fundamentais para um ambiente deste tipo baseiam-se no trabalho efectuado por KASPER, que destaca os seguintes elementos [25]:

Abertura: Num contexto industrial, as técnicas de simulação não devem apenas satisfazer as necessidades de cálculo de uma única empresa, mas devem também permitir o intercâmbio de modelos entre fabricantes de equipamentos e montadores. Para tal, é necessária a utilização de software de simulação. Podemos também constatar os esforços de normalização em curso, como o [15], que representa uma linguagem para a eletrónica digital e analógica.

Interdisciplinaridade: A conceção de sistemas mecatrónicos ou multifísicos exige um ambiente capaz de suportar a modelização de componentes de diferentes domínios da física e a sua integração com outros modelos, a fim de descrever o sistema completo.

Reutilização: A utilização de bibliotecas de modelos bem estruturadas e documentadas reduz o tempo e o esforço dos projectistas. Este aspeto não se limita à conceção, na medida em que os modelos válidos podem ser utilizados por engenheiros de fabrico interessados em otimizar as tolerâncias de fabrico para reduzir os custos de produção, satisfazendo simultaneamente as especificações funcionais do produto.

Portabilidade: A conceção de produtos complexos é frequentemente dividida entre equipas que trabalham em vários locais. Por este motivo, o ambiente de simulação deve ser acessível via Intranet ou Internet e funcionar em diferentes plataformas informáticas, como o Windows e o UNIX.

Adaptabilidade: Muitos fenómenos físicos não têm uma representação matemática única. O facto de estarem disponíveis vários níveis de modelização, associados a hipóteses claramente expressas, e de a complexidade poder ser facilmente escolhida, garante que os modelos podem ser adaptados às questões colocadas.

4.3- A contribuição da moderação para a conceção

Os contributos da modelização são muito diferentes consoante: <u>a utilização do modelo</u>: investigação (modelo de um sistema destinado aos investigadores), diagnóstico (modelo de um sistema destinado a quem encomenda um projeto sobre o sistema), intervenção (modelo de investigação-ação); <u>o objetivo do modelo</u>: compreensão dos processos de um sistema, recolha de conhecimentos, exploração de cenários, etc.; <u>o realismo do modelo</u>: realidade simplificada ou abstração; <u>o conteúdo do modelo</u>: derivado de representações industriais ou de conhecimentos científicos; e <u>o próprio processo de modelização</u>: modelo produzido por investigadores ou co-construído com a indústria.

Apesar das especificidades dos modelos desenvolvidos, a modelização contribui ativamente para a redução dos custos e do tempo de conceção, para a compreensão do funcionamento do sistema e para a validação e otimização do modelo em estudo.

Redução dos custos e dos prazos: As soluções técnicas previstas nas especificações durante a conceção do produto devem responder adequadamente ao critério de satisfação do cliente. Para verificar esta resposta, medimos a diferença entre as funções reais do produto concebido e as especificações previstas. Por um lado, esta modelação reduz o tempo e o custo, melhorando a qualidade do produto em comparação com o desenvolvimento de maquetas reais. Por outro lado, oferece a oportunidade de simular, analisar e otimizar o sistema de soluções, a fim de reduzir a diferença entre a solução e o que é esperado.

Compreender o seu funcionamento: O desenvolvimento de um modelo abstrato que inclua a funcionalidade básica de um componente físico é muito útil para compreender o seu funcionamento. Toda a arte da modelização consiste, portanto, em fazer as perguntas certas a priori, para que tenhamos um modelo inicial executável e possamos dominar o comportamento do componente ao longo do processo de conceção sem alterar o vetor de teste.

Validação do modelo: O principal objetivo de um modelo é, em geral, validar as caraterísticas de uma determinada parte do sistema ou do conjunto, em termos de funcionalidade ou de desempenho. É a definição destas caraterísticas e funcionalidades que permite verificar que um sistema apresenta um comportamento esperado, observando o seu comportamento face a diferentes estímulos (testes de sistema). Daí o papel do desenvolvimento de um modelo de simulação de produto como solução.

Este modelo não será válido fora do âmbito previamente definido. De facto, seguindo um método de modelação "Top Down" (do nível mais abstrato para o nível físico), os detalhes omitidos podem ser implementados para validar outras caraterísticas do sistema.

Otimização do modelo: O objetivo de um processo de modelização é obter um modelo final que satisfaça os requisitos de simulação e verificação. O desenvolvimento de um sistema resulta, por conseguinte, da aplicação de numerosas fases de modelização interligadas. Estas etapas, baseadas nos requisitos das especificações, convergem para a prototipagem virtual e depois real do próprio sistema. Uma das principais vantagens da modelização é a possibilidade de especificar um critério de otimização para classificar as soluções possíveis. Este critério permitirá escolher, de entre todas as soluções possíveis, aquelas que parecem ser mais interessantes. O critério consiste em maximizar ou minimizar o valor de um indicador construído a partir das variáveis, a fim de reduzir o conjunto de soluções aceitáveis (Figura 9).

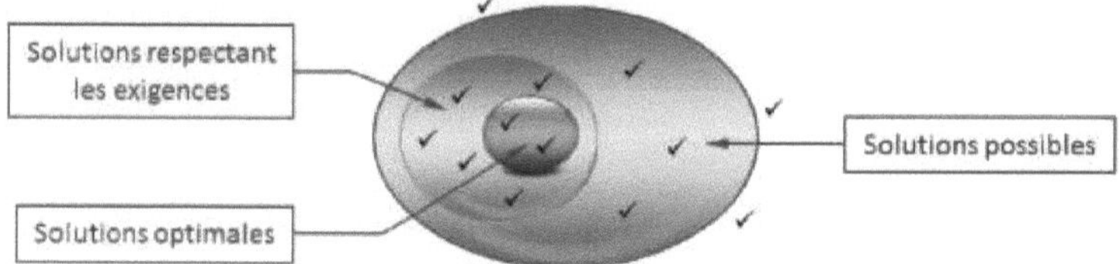

Figura 9. *Conjunto de soluções óptimas*

Em suma, é evidente que o desenvolvimento de um modelo de produto durante a fase de conceção desempenha um papel fundamental. No entanto, não é isento de dificuldades, uma vez que os projectistas devem definir o ponto de vista a partir do qual pretendem abordar o produto, o domínio de validação e a precisão. Por conseguinte, é essencial efetuar um trabalho de integração nas primeiras fases do ciclo de conceção. Para tal, é necessária uma abordagem metodológica que envolva a modelização e a simulação desde as primeiras fases do processo de conceção.

5- Abordagens e ferramentas de modelação

5.1- Ferramentas de modelação geométrica 3D

A modelação geométrica contribui para o desenvolvimento de modelos digitais 3D dos produtos que compõem os sistemas e os conjuntos. Gera uma representação paramétrica 3D concetual virtual que é utilizada para analisar, controlar e simular determinados comportamentos cinemáticos e dinâmicos de peças mecânicas separadamente. Permite igualmente afinar e visualizar o modelo geométrico 3D (Figura 10).

Figura 10: *Exemplos de modelação geométrica 3D de produtos*

Condiciona a estrutura de dados e a interatividade. Por outro lado, o tipo de saída final pode condicionar o modelo. Cada modelo é caracterizado por :

estrutura de dados: linguagem de descrição, aquisição, sistema gráfico interativo, custo (pipeline gráfico), a aparência final: grau de realismo, velocidade de geração, grau de interação: edição, modificações, cálculos, análises, deformações.

A Dassault Systemes, um dos principais fornecedores mundiais de soluções 3D e de Gestão do Ciclo de Vida do Produto (PLM), colocou a modelação de sistemas incorporados no centro do CATIA. A empresa escolheu a norma aberta MODELICA como base para a sua estratégia aberta, com a aquisição da DYNASIM. O CATIA V6 SYSTEMS baseia-se em 3 eixos principais: inteligência colaborativa, totalmente apoiada pelo ENOVIA 3D LIVE, modelação e simulação comportamental, incluindo as tecnologias DYMOLA e a adoção da norma MODELICA, e a infraestrutura SOA V5 para a gestão colaborativa do ciclo de vida, englobando as capacidades do ENOVIA VPLM, SMARTEAM e MATRIXONE para apoiar processos de ponta a ponta, desde a conceção até à implementação.

Apesar das funcionalidades que esta modelação oferece, não existe um modelo geral que abranja todas as propriedades. Os modelos híbridos ou multifísicos colocam sérios problemas práticos, nomeadamente no que se refere ao cálculo das propriedades físicas. Estas duas observações levam à necessidade de métodos de conversão entre as diferentes representações dos sólidos.

5.2- Abordagens e ferramentas de modelação física 1D

5.2.1- Geral

A modelação física unidimensional (1D) de sistemas multidisciplinares está perfeitamente actualizada. Isto é tanto mais verdade quanto muitos problemas se colocam atualmente com o advento da engenharia simultânea e das novas tecnologias. No entanto, o nosso quadro de referência é o da modelação analítica ou da lógica cartesiana. Perante um sistema complexo, somos chamados a desenvolver modelos nos quais basear o nosso raciocínio. Os modelos utilizados são geralmente modelos analíticos. Um modelo analítico pode ajudar a orientar o investigador para soluções aceitáveis. No entanto, podemos criticar os defensores da escola analítica que, com os seus modelos, tentam frequentemente modelar um sistema multidisciplinar separadamente para cada domínio e adaptar esses modelos aos modelos disponíveis, em vez de procurar modelos substitutos. Assim, para abordar um sistema pluridisciplinar, é necessário mudar de domínio dentro do mesmo sistema. Além disso, a utilização de modelos analíticos exige uma simplificação do fenómeno a estudar e, por conseguinte, uma repartição ou divisão por fenómeno. Este método demonstrou as suas limitações ao longo do tempo, enquanto a modelação dos sistemas complexos actuais procura métodos sólidos.

A modelação e a simulação dinâmica de sistemas multidisciplinares é um tema de investigação há mais de três décadas. Existem várias abordagens para a modelação destes sistemas. Em geral, estas abordagens podem ser divididas em três categorias básicas:

Abordagens baseadas na integração a nível da formulação ;

Abordagens baseadas na integração ao nível da equação ;

Abordagens baseadas na integração a nível da solução.

Apresentamos sucintamente estas abordagens, a fim de avaliar a sua pertinência e aplicabilidade à modelização de sistemas multidisciplinares.

5.2.2- *Integração a nível da formulação*

Uma das abordagens actuais da modelização multidisciplinar consiste em aplicar formulações matemáticas e físicas, tais como :

Teoria dos grafos de ligação [26] ;

Teoria dos grafos lineares [27] ;

Formulação DE LAGRANGE [28. ;

Formulação multicorpos condicionada [29].

Teoria dos grafos de ligação

A ferramenta bond graph é um método gráfico para a modelação multidisciplinar de sistemas dinâmicos. A sua principal vantagem consiste em estabelecer uma ligação entre os diferentes componentes de um sistema, de natureza muito variável e frequentemente regidos por equações não lineares, por vezes difíceis de modelizar. Esta ferramenta é simultaneamente pedagógica e prática, evidenciando as relações entre os fluxos e as forças dos sistemas que combinam mecânica, eletricidade, termodinâmica, calor, energia, etc., o que a torna muito apreciada em mecatrónica.

Os gráficos de ligações são também designados por graphes des liaisons em francês, mas é preferível manter o termo original, uma vez que o graph des liaisons é um conceito mais conhecido para representar o gráfico das ligações num sistema mecânico. A modelação de um sistema através de um grafo de ligações é bastante simples, na medida em que são necessários poucos elementos e o procedimento é relativamente simples. A dificuldade reside em ter um bom conhecimento dos sistemas físicos, como é o caso da lógica difusa.

O método do gráfico de ligação baseia-se em dois princípios principais: a representação gráfica das trocas de energia num sistema e a analogia entre variáveis de diferentes domínios físicos.

A troca de potência entre dois elementos A e B de um sistema é representada, como mostra a figura abaixo, por uma semi-rede (chamada de "elo" ou "ligação") que carrega duas variáveis conhecidas como "variáveis de potência", genericamente chamadas de "esforço" e "fluxo" (Figura 11), cujo produto ($e \times f$) representa a potência instantânea transportada por esse elo. Num circuito elétrico, estas são a corrente (i) e a tensão (v).

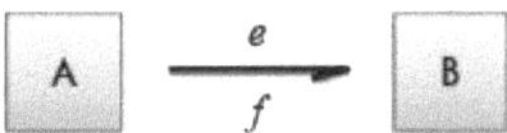

Figura 11. Troca de energia entre A e B

Teoria dos grafos lineares

Tal como a teoria dos gráficos de ligações, a teoria dos gráficos de linhas também representa o fluxo de energia através de um sistema. O gráfico é constituído por aretes que representam o fluxo de energia num componente e por limites de aretes que correspondem a nós. O fluxo de energia é expresso por variáveis que são forças e binários ou velocidades e deslocações.

O gráfico é dividido em cordas e ramos, e as transformações de cordas e ramos são utilizadas para obter o equilíbrio mecânico, o ciclo cinemático e as equações de fecho, respetivamente. A transformação de ramos utiliza o método multicorpo limitado. Estas transformações conduzem às equações algébricas necessárias para descrever a parte mecânica do sistema. Da mesma forma, para formular as equações que regem os sistemas eléctricos, a teoria dos grafos fornece uma abordagem para utilizar as correntes e tensões no sistema. Neste caso, as transformações das cordas correspondem à lei dos nós de KIRCHHOFF, e as transformações dos ramos correspondem à lei das malhas. A modelação de gráficos de linhas é uma abordagem bastante simples para modelar sistemas e, ao contrário da modelação de gráficos de ligações, reflecte diretamente a topologia do sistema.

Ambas as abordagens utilizam as leis de KIRCHHOFF da corrente e da tensão para determinar as equações que regem o sistema elétrico, técnicas como a formulação Lagrangiana, a formulação multi-corpo condicionada e a modelação do espaço de estados para a contraparte mecânica. Estas técnicas podem ser utilizadas de forma independente para modelizar sistemas multidisciplinares.

Formulação Lagrangiana

A abordagem Lagrangiana também se baseia na análise do sistema energético. Os sistemas mecânicos são modelados em termos de variáveis que podem ser expressas como energia cinética, energia de dissipação e energia potencial. A formulação LAGRANGIANA lida com quantidades escalares, o que facilita a sua utilização quando o número de elementos no sistema é mínimo. A formulação lagrangiana tem a desvantagem de a sua complexidade aumentar exponencialmente à medida que o número de componentes aumenta. O sistema de equações tem de ser derivado individualmente para cada elemento, e as diferenciações tornam-se extremamente complicadas.

Exemplos de "L" Lagrangiano: L = *(energia cinética - energia potencial)* :

$$L = \tfrac{1}{2}\, m\, \dot{x}^2 - \tfrac{1}{2}\, k\, (x - x_0)^2 \qquad \textit{(Oscillateur harmonique)}$$

$$L = -\, m\, c^2/\gamma - q\phi + q\mathbf{A}.\mathbf{v} \qquad \textit{(Charge q en électromagnétiques)}\ [\gamma = (1 - \beta^2)^{-1/2}]$$

$$L \approx \tfrac{1}{2}\, m\, v^2 - q\phi + q\mathbf{A}.\mathbf{v} - m\, c^2$$

$$L = \tfrac{1}{2}\, m\, (\dot{r}^2 + r^2\, \dot{\theta}^2) + k/r \qquad \textit{(Loi de \textsc{Kepler} ; Loi des orbites)}$$

$$L = \tfrac{1}{2}\, I_\perp(\dot{\theta}^2 + \dot{\phi}^2\, \sin^2\theta) + \tfrac{1}{2}\, I_\parallel\, (\dot{\psi}^2 + \dot{\phi}\, \cos\theta)^2 - mgl\, \cos\theta$$

E para encontrar as equações que regem cada sistema, resolvemos a seguinte equação DE LAGRANGE:

$$\frac{d}{dt}\left(\frac{\partial L}{\partial \dot{q}_i}\right) - \left(\frac{\partial L}{\partial q_i}\right) = 0 \qquad\qquad i = 1, 2,\dots n$$

Sendo *qi* as coordenadas generalizadas de cada sistema *i*.

Formulação multicorpo condicionada

A formulação multi-corpos condicionada pode ser vista como um caso especial da formulação Lagrangiana, ultrapassa as dificuldades da formulação LAGRANGIANA e pode ser utilizada eficazmente para determinar as equações que regem um sistema multidisciplinar. A ideia básica é utilizar o conjunto máximo de coordenadas generalizadas para cada corpo. Consideramos um sistema multicorpo geral com *n* corpos e *m* restrições, cada corpo tem 6 graus de liberdade, ou seja, o sistema de n corpos terá *6 x n* coordenadas generalizadas. Consequentemente, o sistema terá 6 x n equações diferenciais e n x m equações algébricas de restrição. As equações de restrição são dadas por :

$$\phi_j^i(q, t) = 0 \qquad i = 1, 2, \dots, \text{n et } j = 1, 2, \dots, \text{m}$$

Quanto à equação Lagrangiana para descrever o sistema, esta consiste em 6 x n equações diferenciais dadas pela equação :

$$M\,\ddot{q} - \phi_q^T\, \lambda = Q$$

$\lambda :$ 'Onde: *M* is a matriz de ordem (n x n), ϕ: é o vetor de restrições, é o vetor de multiplicadores de Lagrange e *q*: é o vetor de forças generalizadas.

As duas equações constituem um conjunto de equações diferenciais algébricas que podem ser resolvidas utilizando métodos numéricos padrão. Os elementos eléctricos e de controlo devem ser integrados no modelo acima referido, determinando manualmente as suas equações apropriadas.

A representação no espaço de estados é uma técnica bem conhecida para a modelação matemática de sistemas eléctricos e mecânicos. Esta secção descreve brevemente a formulação geral. A abordagem de EULER-LAGRANGE, os métodos DE NEWTON e as leis de KIRCHHOFF podem ser utilizados para encontrar as equações diferenciais que descrevem o sistema. A forma geral da representação no espaço de estados é a seguinte:

$$\dot{x}(t) = f(x,u,t) \qquad (1)$$

$$y(t) = g(x,u,t) \qquad (2)$$

Nesta ordem, (1) representa a equação de estado e (2) a equação de saída. No caso em que essas equações são lineares em torno de um ponto de operação, elas podem ser representadas da seguinte forma:

$$\dot{x}(t) = A(t)\,x(t) + B(t)\,u(t)$$

$$y(t) = C(t)\,x(t) + D(t)\,u(t)$$

Ou: x(t) o vetor de estado; y(t) o vetor de saída; u(t) o vetor de entrada; A(t) a matriz de estado; B(t) a matriz de entrada (controlo); C(t) a matriz de saída (medição) e D(t) a matriz de transferência direta.

A teoria dos grafos de ligação utiliza a abordagem do espaço de estados para determinar as equações que regem o sistema, enquanto a teoria dos grafos lineares utiliza a formulação Lagrangiana com as leis de KIRCHHOFF para definir as equações do sistema.

Embora estes métodos tenham sido utilizados com sucesso para a modelação de vários domínios, continuam a ter limitações em termos de aplicação:

as formulações não estão globalmente adaptadas às componentes dos diferentes domínios do modelo;

a falta de clareza no seu âmbito de aplicação para a modelação de novas áreas;

as alterações qualitativas do comportamento do sistema, que são comuns nos sistemas electromecânicos, não podem ser geridas pelas abordagens actuais;

As abordagens actuais não fornecem um apoio integrado à análise de sensibilidade. No entanto, os investigadores conseguiram aplicar esta abordagem em certos domínios.

5.2.3- *ПёдгаМоп ao nível da liquidação*

A segunda abordagem, que se tornou popular, pode ser classificada como uma abordagem que enfatiza a integração entre domínios ao nível do sistema que rege as equações. Esta abordagem fornece uma formulação matemática explícita do sistema que rege a equação que pode ser utilizada na análise de sensibilidade. Em meados dos anos 90, foram propostas duas linguagens específicas, MODELICA e VHDL-AMS, para a modelação de sistemas multidisciplinares. A abordagem de integração ao nível da equação, a pedra angular da MODELICA, é a especificação da linguagem para sistemas multidisciplinares. Outras ferramentas integradas nesta categoria incluem VHDL-AMS, OPENMODELICA e MATHMODELICA. Os parágrafos seguintes apresentam sucintamente cada uma destas ferramentas.

VHDL-AMS: VHDL-AMS é uma extensão analógica das linguagens VHDL. É uma linguagem de descrição de hardware baseada num paradigma processual. Foi desenvolvida para a descrição e simulação de sistemas analógicos, digitais e de sinal misto, e está mais orientada para os domínios elétrico/eletrónico. Vários investigadores têm utilizado com sucesso a VHDL-AMS para modelar sistemas multidisciplinares. No entanto, o seu suporte de simulação e a sua biblioteca generalizada não estão bem desenvolvidos.

MODELICA e os seus ambientes - OPENMODELICA & MATHMODELICA: A MODELICA é baseada na equação, uma linguagem orientada para objectos para modelar sistemas físicos complexos e heterogéneos. Foi concebida pelos criadores de DYMOLA, OMOLA, SIDOPS+, SMILE, OBJECTMATH e outros profissionais da modelação em vários domínios. É por isso que esta linguagem responde às suas necessidades específicas. Para outros utilizadores que utilizam SIMULINK, CAMP-G, Adams, etc.., Esta é uma das principais razões pelas quais a adoção das ferramentas MODELICA não é proposta em empresas onde os engenheiros desenvolvem os seus modelos utilizando SIMULINK, ADAMS ou outros que são incompatíveis com MODELICA. Como solução para este problema, estão atualmente a ser desenvolvidas interfaces como o SIMELICA (SIMULINK e MODELICA) e o VHDL-AMS.

A MODELICA é suportada por um número limitado de ambientes de computação, como o OPENMODELICA, o DYMOLA e o MATHMODELICA. O OPENMODELICA permite que a formulação matemática e a arquitetura de software sejam eficientemente integradas utilizando MODELICA. Foi desenvolvido para a modelação e simulação de sistemas complexos e multidisciplinares. O seu objetivo é criar um modelo completo, bem como compilar e simular o ambiente. A ferramenta gera equações matemáticas explícitas para sistemas multidisciplinares, mas o processo de compilação é complexo e envolve procedimentos morosos para gerar as equações do sistema. Além disso, exige que o utilizador tenha um conhecimento profundo da semântica do MODELICA, e o compilador do programa continua a ser complexo, com quase 100 000 linhas de código. Além disso, o MODELICA determina um grande número de equações que têm de ser reduzidas de forma intensiva para diminuir o esforço computacional.

O MATHMODELICA da MATHCORE é também uma ferramenta de desenvolvimento interactiva integrada que fornece um ambiente de simulação MODELICA fortemente integrado com o MATHEMATICA e o MICROSOFT VISIO. Este ambiente tem um editor gráfico que é uma extensão da ferramenta de diagramação MICROSOFT VISIO e a manipulação simbólica é fornecida pelo MATHEMATICA. O MATHMODELICA é um pacote comercial, pelo que a sua utilização para outra investigação é limitada. É importante notar que o MODELICA e o VHDL-AMS têm linguagens específicas e, por conseguinte, requerem um ambiente computacional externo para simular efetivamente a resposta do sistema.

Com base na ideia de integração ao nível das equações, os investigadores utilizaram igualmente ferramentas simbólicas MATLAB (baseadas no MAPLE) para criar um sistema de equações modelado em sistemas multidisciplinares.

Apesar das suas vantagens, esta abordagem tem as suas limitações:

não suporta bem a extensão de parâmetros para o estudo de sistemas multidisciplinares;

requer o desenvolvimento de interfaces entre software para ultrapassar a incompatibilidade das linguagens;

o processo de compilação é complexo e envolve procedimentos morosos para gerar as equações do sistema.

5.2.4- *1Мёдгаb'оп ao nível da solução*

Outra estratégia consiste em desenvolver software diferente para os problemas relacionados com cada domínio, dependendo da necessidade, integrando estes pacotes de software para modelar um sistema multi-domínio, estabelecendo posteriormente comunicação entre eles para simular o comportamento do sistema. Embora esta abordagem forneça soluções em muitos casos, é frequentemente complicada e não produz uma formulação matemática explícita das equações que regem o sistema que possa ser utilizada na análise de sensibilidade. DYMOLA, DYNSAT e SIMPLORER são algumas das ferramentas desta categoria.

SIMPLORER: Lançado pela ANSOFT CORPORATION, foi introduzido como um software de simulação multi-domínio em 2011. O SIMPLORER é uma integração de simuladores externos e fornece uma plataforma comum para a troca de informações entre os simuladores SIMULINK, MATLAB, MAXWELL e sPICE. Os modelos são desenvolvidos em C++, VHDL-AMs, FINITE ELEMENT ANALYsIs, RMXPRT, PEMAG, e utilizam MATHCAD e MATLAB para manipulações matemáticas.

O SIMPLoRER foi inicialmente desenvolvido para aplicações de transporte e energia. Posteriormente, foi alargado para suportar outras interfaces de modo a satisfazer os requisitos de sistemas multidisciplinares. Uma das principais motivações para esta evolução foi o fácil acesso a modelos disponibilizados por vários fornecedores através da Internet. Esta é uma das razões pelas quais nem todos os conjuntos de ferramentas estão bem equipados para lidar com sistemas complexos. Por exemplo, na biblioteca

do SPICE SIMPLORER, a principal desvantagem dos modelos de semicondutores é o comportamento elétrico básico sem ter em conta os efeitos dinâmicos.

DYNAST : O DYNAST é um pacote de software para modelação, simulação e análise de sistemas dinâmicos e não lineares multidisciplinares. É capaz de resolver equações diferenciais algébricas não lineares e não estacionárias, efectuando análises no tempo e em diferentes domínios. Utiliza uma abordagem baseada na energia em que, em cada um dos modelos multipolares, a interação total de energia entre um componente e o resto do sistema dinâmico, assume que as interações apenas ocorrem num número limitado de entradas de componentes de energia, tais como ligações eléctricas, entradas de tubos, contactos mecânicos, etc. O DYNAST formula automaticamente as equações que descrevem as interações entre os componentes. Embora o DYNAST tenha sido utilizado com sucesso em muitos problemas industriais, como circuitos eléctricos e magnéticos, mecânica, termodinâmica e outros, não suporta bem a otimização paramétrica. Para além de ser um software comercial, na sua edição gratuita para estudantes está limitado a resolver apenas 16 equações simultâneas.

DYMOLA : O DYMOLA (DYNAMIC MODLING LABORATORY) é um ambiente de modelação e simulação de sistemas integrados e complexos. A multi-engenharia do DYMOLA permite ao utilizador efetuar a modelação e a simulação de qualquer componente física que possa ser descrita por equações diferenciais algébricas ordinárias. Baseia-se na MODELiCA, uma linguagem orientada para objectos para modelação física desenvolvida pela MODELiCA ASSoCiATioN. Os componentes do modelo têm de ser desenvolvidos utilizando MODELICA, e todas as equações diferenciais e dinâmicas são depois resolvidas numericamente utilizando DYMoLA.

As limitações desta abordagem podem ser resumidas da seguinte forma:
Esta abordagem não oferece uma formulação integrada de modelização, simulação e conceção numa única plataforma.

O software existente é desenvolvido principalmente para uso comercial e o código-fonte não está aberto ao público. Por conseguinte, embora funcionem bem como ferramentas de resolução de problemas, não oferecem a flexibilidade necessária para uma investigação mais avançada.

Todos estes pacotes de software foram concebidos para outros fins que não a modelização de sistemas multidisciplinares. Foram posteriormente modificados para responder à procura atual de modelização e simulação. Esta abordagem não fornece uma formulação matemática explícita do sistema que rege a equação que pode ser utilizada na conceção analítica.

5.3- O problema da modelação multifísica

Os métodos e técnicas de desenvolvimento de sistemas industriais atingiram uma certa maturidade. De facto, nos últimos anos, assistimos ao aparecimento e à aplicação de abordagens com ferramentas associadas dedicadas a este tema. No entanto, embora estas abordagens ofereçam uma solução viável em alguns casos, continuam a ser inadequadas em muitos contextos. Têm dificuldade em evoluir para ter em conta os novos modos de conceção, modelização e simulação. Em particular, são frequentemente difíceis de manusear e mostraram as suas limitações na modelação de sistemas multidisciplinares. A evolução do carácter multidisciplinar destes sistemas permite prever soluções originais que até agora não foram exploradas nem aproveitadas pelos progressos tecnológicos.

De facto, a maior parte dos processos actuais de modelização de sistemas trata as operações separadamente. O inconveniente destas estratégias é que o software que produzem nem sempre é satisfatório. Cada software de simulação é poderoso num determinado domínio, mas tem competências limitadas noutros domínios. Daí o desenvolvimento de um grande número de modelos específicos a um domínio frequentemente tratado (eletrónica, automação, mecânica, hidráulica, térmica, etc.). Como resultado, os processos de simulação limitam-se à simulação de um único domínio e não permitem outras simulações simultâneas dos diferentes parâmetros exigidos pela indústria (parâmetros mecânicos, hidráulicos, eléctricos, etc.). Neste caso, não é possível verificar a coerência do seu comportamento e otimizar facilmente as variáveis do sistema como um todo.

Além disso, a classificação dos modelos por níveis de abstração dificulta a simulação de modelos multifísicos. Uma abordagem baseada na separação dos níveis de abstração, muitas vezes considerada como local, está bem adaptada à análise detalhada da distribuição de variáveis específicas. De facto, reduz-se à análise de certas partes e não se adapta à análise do comportamento físico e dinâmico multi-domínio. De facto, os níveis de abstração dos modelos não interagem entre si para permitir uma análise completa que tenha em conta os principais fenómenos de funcionamento e comportamento do sistema. Podemos, portanto, ter dificuldade em obter uma representação desejada da realidade e em visualizar o comportamento de um mecanismo multifísico enquanto analisamos os parâmetros comportamentais do sistema. Consequentemente, estas abordagens não fornecem uma formulação integrada de conceção, modelização e simulação numa plataforma única para sistemas multidisciplinares.

6- Conclusão

Os sistemas multidisciplinares são uma resposta à procura de produtos de alto desempenho que respeitem as novas normas de segurança e de eficácia. Pela sua própria natureza, estes sistemas englobam várias disciplinas ao mesmo tempo (hidromecânica, electrotérmica, electro-hidromecânica, etc.), o que os torna cada vez mais complexos. Esta complexidade evolutiva exigiu uma mudança na conceção, de uma metodologia sequencial e baseada no comércio para uma abordagem concorrente e complementar.

colaborativo. Em seguida, uma revisão da literatura sobre a modelação de sistemas e o seu método de decomposição sequencial realçou o problema da modelação e simulação de um sistema multifísico. De facto, as limitações das abordagens de modelização física e das ferramentas associadas tornam difícil a modelização 1D. Além disso, a impossibilidade de comunicar entre os níveis de abstração de um modelo de sistema multifísico dificulta a simulação simultânea, que é vantajosa para o desenvolvimento e a análise de um sistema deste tipo.

De facto, particularmente no domínio da aeronáutica, é crucial compreender e avaliar o comportamento, o desempenho, a segurança e outros aspectos dos sistemas de aeronaves durante o seu ciclo de vida. Neste contexto, descrevemos o aspeto multidisciplinar dos sistemas aeronáuticos antes de efetuar um estudo multifísico aprofundado de um sistema de aeronave que é objeto do nosso trabalho.

CAPÍTULO 3

CONCEPÇÃO DE SISTEMAS AERONÁUTICA MULTIFÍSICA

1- Introdução

Os avanços tecnológicos da aeronáutica sempre permitiram aos fabricantes de equipamentos do sector oferecer soluções sólidas para os mercados da aeronáutica civil e militar.

Neste capítulo, apresentamos uma breve descrição dos principais sistemas aeronáuticos que são multifísicos por natureza. Em primeiro lugar, descrevemos os sistemas de geração hidráulicos e eléctricos e os componentes hidráulicos padrão que constituem um sistema multifísico aeronáutico. Em seguida, apresentamos uma descrição funcional e técnica dos principais sistemas multifísicos da aeronave. A ênfase será colocada nos sistemas de controlo de voo e nos servos, que são praticamente idênticos na maioria das aeronaves (aviões de passageiros ou aviões a jato).

Finalmente, estamos a realizar um estudo detalhado dos sistemas multifísicos de travagem de aeronaves. Este estudo multifísico engloba a análise do sistema, a identificação das caraterísticas de funcionamento e as propriedades, tanto geométricas como físicas, de cada um dos componentes destes sistemas.

Este capítulo permitir-nos-á, portanto, posicionar o nosso trabalho definindo os problemas associados à fase de modelação de um sistema aeronáutico multifísico.

2- Geração de energia para aeronaves

O funcionamento dos vários sistemas da aeronave requer a geração de energia a partir de fontes hidráulicas e eléctricas (Figura 12).

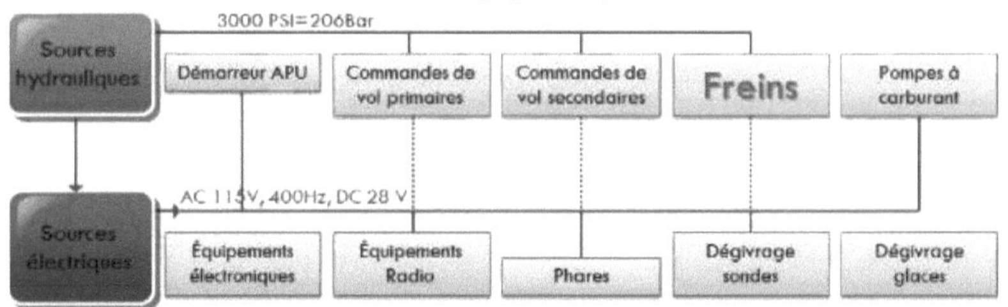

Figura 12. *Geração hidráulica e eléctrica de uma aeronave*

2.1- Produção de eletricidade

O sistema de alimentação eléctrica da aeronave pode ser dividido em três partes: uma "Corrente Alternada" : AC"; "Corrente contínua: DC"; e uma fonte de alimentação "Standby" fornecida pela bateria (Figura 13).

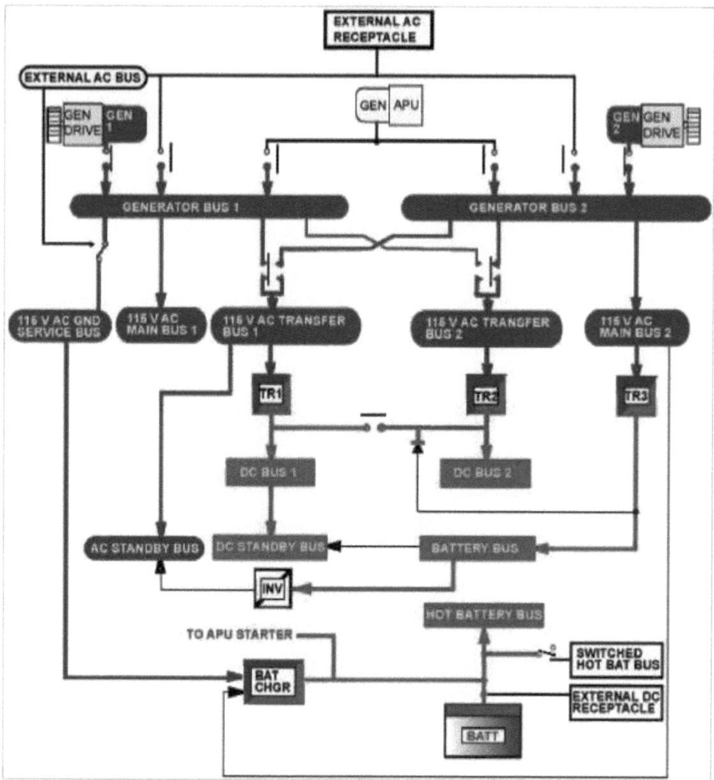

Figura 13. *Diagrama esquemático da geração eléctrica de um avião Boeing 737* [30].

As fontes primárias de eletricidade de uma aeronave são normalmente dois alternadores acionados pelos motores para fornecer uma tensão alternada trifásica de 115 volts, 400Hz.

Cada alternador fornece energia à sua rede de barramentos em condições normais. Em caso de falha do primeiro, uma parte da sua rede é transferida para o outro alternador. Os transformadores, por outro lado, fornecem energia eléctrica de baixa tensão para a iluminação e os instrumentos que necessitam deste tipo de alimentação. Os transformadores rectificadores (TR) fornecem corrente contínua.

A unidade auxiliar de potência : APU", para o arranque em terra ou de emergência, está equipada com um alternador idêntico ao dos motores e pode alimentar os dois barramentos do alternador (Generator bus) em terra, mas um único barramento em voo [31].

Fonte de alimentação CA: O sistema de alimentação CA é constituído por um barramento gerador, um barramento principal e um barramento de transferência. Em utilização normal, cada alternador de motor alimenta o seu próprio barramento de alternador. Se ocorrer uma falha num barramento do alternador, o barramento de transferência associado é automaticamente alimentado pelo barramento do alternador oposto. Cada barramento de transferência está associado a um relé de transferência alternativo (ATR) que seleciona automaticamente o barramento do alternador oposto. Se o alternador correspondente falhar e o barramento de transferência estiver definido para AUTO, a APU pode ser utilizada para substituir um alternador de motor avariado. Neste caso, todo o sistema será alimentado normalmente.

O barramento do alternador fornece energia aos servos e o barramento principal alimenta os servos não essenciais. O barramento de transferência fornece os serviços essenciais.

Fonte de alimentação CC: O sistema de alimentação CC fornece energia aos dispositivos que necessitam de uma fonte de alimentação de 28V CC (por exemplo, unidades de travagem electro-hidráulicas). Os três transformadores-rectificadores convertem 115V AC em 28V DC e são identificados por TR1, TR2, TR3. As suas tensões de saída variam entre 24 e 30V. São as fontes primárias de 28V DC. A bateria fornece energia quando nenhuma outra fonte está disponível.

2.2- Geração hidráulica

Os sistemas hidráulicos industriais, nomeadamente na aeronáutica, requerem resistência, flexibilidade e fiabilidade. Atualmente, o advento da eletrónica e da informática permitiu aperfeiçoar os circuitos hidráulicos. Desde o início dos anos 50, a complexidade dos sistemas de transmissão dos comandos de voo, desde o piloto até à superfície de controlo, e os problemas de estabilidade dos aviões a jato levaram os projectistas a utilizar comandos electro-hidráulicos para acionar as superfícies de controlo. As forças mecânicas e aerodinâmicas devidas à velocidade e às grandes dimensões do avião tornam impossível a um piloto dirigir as superfícies de controlo sem assistência hidráulica. O mesmo se aplica à travagem, para gerar fricção mecânica nas rodas. O sistema hidráulico é também necessário para os pilotos automáticos e para as aeronaves com comandos de voo eléctricos, para facilitar o voo. Entre as razões para a utilização de energia hidráulica nas aeronaves contam-se [32] :

miniaturização de componentes hidráulicos ;

flexibilidade ;

facilidade de obtenção de alta pressão; temperatura de funcionamento aceitável;

funcionamento independente da altitude.

Tanto os aviões de caça como os aviões de passageiros têm geralmente dois circuitos hidráulicos independentes (figura 14). A distribuição é concebida de modo a que, em caso de perda de um circuito hidráulico, todos os sistemas continuem a funcionar. Em caso de perda de dois circuitos, os comandos principais de voo devem continuar a funcionar. Além disso, em caso de rutura de um tubo, numerosos fusíveis isolam a parte defeituosa, evitando assim a perda de um circuito completo. Em particular, os servos de controlo de voo são permanentemente alimentados por ambos os circuitos. Os outros sistemas são alimentados normalmente por um circuito e, em caso de emergência, pelo outro.

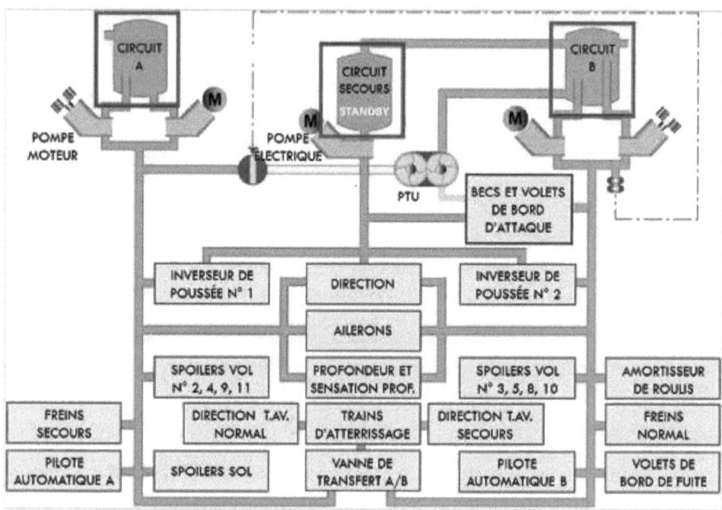

Figura 14. *Diagrama esquemático da geração hidráulica num avião de passageiros* [33].

Estes circuitos hidráulicos funcionam a 3000psi, ou seja, cerca de 200bars. A pressão é fornecida por bombas hidráulicas ou hidroeléctricas acionadas pelos reactores. A Unidade de Transferência de Potência : PTU" é utilizada para pressurizar um circuito a partir de outro sem transferir líquido.

Um circuito hidráulico aeronáutico standard é essencialmente constituído por uma bomba, um servocomando ou distribuidor e um recetor hidráulico e outros componentes: reservatórios, acumuladores, filtros, limitadores de caudal, etc.

Servocomandos hidroeléctricos: Os servocomandos são principalmente controlados por um distribuidor que modula a potência hidráulica. São os componentes mais caros e os mais difíceis de conceber e fabricar. Os servocomandos, geralmente hidráulicos na aeronáutica, são colocados na unidade de tração para reduzir a força exercida sobre a coluna de comando e assegurar um controlo suave e preciso. Ajudam o piloto a controlar a velocidade e a altitude do avião com precisão e com uma força de manobra reduzida (<0,25daN). O seu contributo pode ser ilustrado numa aeronave

A aeronave está equipada com um avião de caça, onde as cargas exercidas pelas superfícies de controlo podem atingir 300daN. Nestas condições, o controlo manual seria impossível. Podem ser utilizados diferentes tipos de servo:

hidromecânico; electro-hidráulico; eletromecânico. O servo controlo depende da aplicação e é geralmente constituído por [34] :

uma alavanca de entrada, que transmite comandos do piloto ;

um distribuidor que modula a potência em função da sua abertura;

um pistão que converte a energia hidráulica em energia mecânica;

um corpo e uma haste para transmitir forças mecânicas;

ligações mecânicas que permitem o servo-controlo da posição do servo (Figura 15).

Figura 15. *Exemplo de servo controlo*

Receptores hidráulicos : Os receptores hidráulicos transformam energia hidráulica em energia mecânica (Figura 16). Distinguimos entre: receptores para o movimento de translação e receptores para o movimento de rotação.

Figura 16. *Função do cilindro hidráulico*

O cilindro é o elemento recetor de energia num circuito hidráulico. Permite desenvolver uma força muito elevada a uma velocidade muito precisa. Distinguimos diferentes tipos de cilindros consoante a sua conceção:

Cilindro de ação simples : o conjunto haste-pistão move-se num único sentido sob a ação do fluido sob pressão. O retorno é efectuado por uma mola ou por uma carga;

Cilindro de dupla ação: o conjunto haste-pistão pode mover-se nos dois sentidos sob a ação do fluido. A força de empurrar é ligeiramente superior à força de puxar;

Cilindro com haste telescópica: de ação simples, para cursos longos com um comprimento de dobragem razoável.

3- Sistemas aeronáuticos multidisciplinares

No sector da aeronáutica, os sistemas de bordo são concebidos para terem um desempenho cada vez mais elevado, a fim de satisfazerem as normas de segurança e a necessidade de conforto e eficiência. Este desejo de garantir sistemas aviónicos seguros e fiáveis exige o desenvolvimento de novos sistemas com desempenho e funcionalidade melhorados [35]. Com estes avanços no desenvolvimento neste domínio, a maioria dos sistemas aeronáuticos tornaram-se sistemas multifísicos (Figura 17).

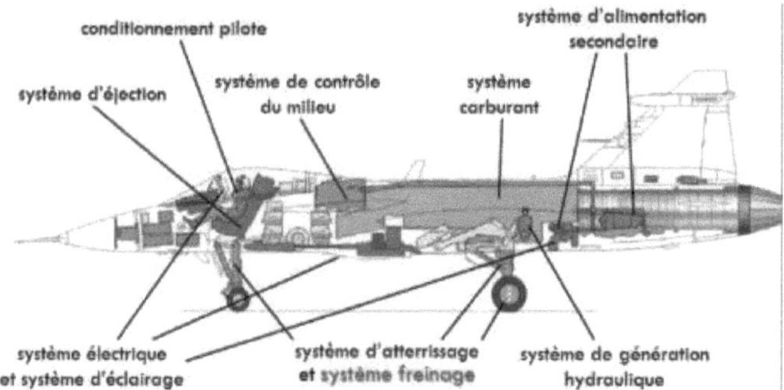

Figura 17. *Sistemas de aviões de combate*

Um sistema/subsistema de uma aeronave pode ser definido como "uma combinação de elementos interdependentes dispostos para desempenhar uma função específica numa aeronave". A maioria dos sistemas das aeronaves é considerada crítica e classificada de acordo com a sua funcionalidade [36] :

Sistemas de motor: são os acessórios que asseguram a produção eléctrica, hidráulica e de combustível do motor da aeronave. Para além do motor, incluem o sistema de ignição, o sistema de abastecimento de combustível e o sistema de controlo;

Sistemas de aviónica: são de natureza eletrónica e eléctrica e incluem sistemas de navegação, comunicação, radar e armas;

Sistemas de segurança da cabina: trata-se de sistemas de conforto e de assistência às pessoas a bordo. São concebidos em disciplinas pneumáticas, mecânicas, térmicas e eléctricas. Incluem os sistemas de ar condicionado, de pressurização, de oxigénio, de desembaciamento, de descongelamento e de assentos ejectores;

Sistemas de controlo de voo: são de natureza hidromecânica ou electro-hidromecânica e são utilizados para operar as superfícies de controlo da aeronave, a fim de controlar a sua trajetória e configuração aerodinâmica em torno dos três eixos da aeronave (inclinação, rotação e guinada). Incluem os sistemas de controlo do elevador, do leme, do aileron e do estabilizador horizontal;

Servo sistemas: São de natureza hidromecânica ou electro-hidromecânica. Ajudam a controlar a evolução dinâmica da aeronave no solo. Incluem o trem de aterragem, os freios aerodinâmicos, a direção da roda do nariz e os sistemas de travagem da aeronave.

A manobrabilidade da aeronave em voo e no solo depende do bom funcionamento dos sistemas de controlo de voo e dos servos.

3.1- Sistemas de controlo de voo

Controlo de voo: Os sistemas "CdV" são sistemas de controlo de comando a bordo que orientam a trajetória da aeronave actuando sobre as suas superfícies de controlo em resposta a instruções dadas pelo piloto. Constituem a ligação entre o piloto e as superfícies de controlo, que são superfícies aerodinâmicas móveis. São todos os elementos que se situam entre os órgãos de controlo da cabina de pilotagem* e as superfícies de controlo de voo destinadas a gerir a atitude, a trajetória e a velocidade da aeronave nos modos de voo manual e automático. No cockpit, o piloto dispõe de comandos (coluna de comando, pedais do leme) para influenciar a atitude e a trajetória da aeronave. O comando do piloto para a coluna de controlo passa através de uma biela com mola, equipada com dispositivos artificiais de sensação e desacoplamento, para chegar ao servo-controlo para regulação hidroelétrica do comando que opera a superfície móvel [37]. Esta arquitetura é descrita esquematicamente na figura 18.

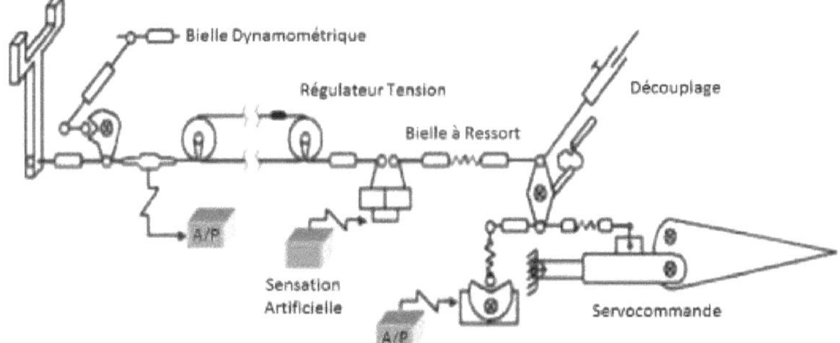

Figura 18. *Arquitetura de um sistema de controlo de voo de uma aeronave*

Os aviões de combate estão equipados com sistemas de controlo de voo, que podem ser hidromecânicos ou electro-hidromecânicos. Servem para acionar as superfícies de controlo da aeronave, a fim de controlar a sua trajetória e a sua configuração aerodinâmica em torno dos três eixos da aeronave (inclinação, rotação e guinada). São constituídos pelos seguintes sistemas

O <u>cockpit</u> de uma aeronave é o espaço reservado ao piloto, ao copiloto e ao mecânico. Contém todos os comandos e instrumentos necessários para pilotar a aeronave, incluindo o comando do elevador, do leme, do aileron e do estabilizador horizontal (Figura 19).

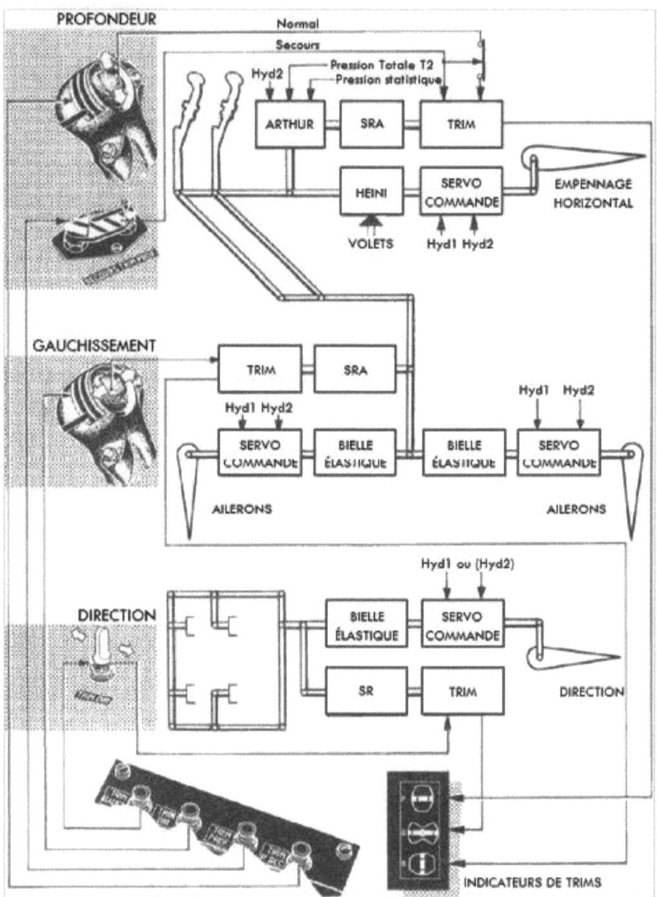

Figura 19. *Diagrama de blocos dos comandos de voo de um avião de caça* [38] Onde: TRIM (sistema de compensação); ARTHUR (sistema de proporcionalidade da força); SRA (sistema de reação artificial); HEINI (sistema de redução de velocidades).

Os servo-controlos hidráulicos são assistidos por dispositivos electro-hidráulicos: sistema de compensação, sistema de reação artificial, sistema de proporcionalidade de forças, sistema de desmultiplicação [39]. É controlado pela deflexão do estabilizador horizontal monobloco para a inclinação, dois ailerons para a rotação e o leme para a guinada. Estas superfícies de controlo são controladas pelo sistema de servo-controlo, que é ativado pelo piloto utilizando a alavanca de controlo. A coluna de controlo acciona os servos do elevador e do came de inclinação através de uma ligação mecânica. O servo do leme é controlado pelo pé do piloto no pedal do leme.

Corrente de profundidade, inclui :

ambos os membros (no caso de aeronaves de dois lugares) ;

direção por barras e bielas;

um dispositivo Arthur que torna a força sobre a coluna de comando proporcional à velocidade da aeronave e que está equipado com um dispositivo de sinalização de avarias;

um sistema de reação artificial e um cilindro de guarnição;

um dispositivo de redução Heini: este dispositivo tem uma relação de redução não linear e compensa o binário que ocorre à saída e à entrada dos flaps;

um servo hidráulico que acciona diretamente o estabilizador horizontal.

Corrente de deformação, inclui :

as duas partes superiores da manga ;

direção por barras e bielas;

um sistema de reação artificial e um cilindro de guarnição;

uma biela de mola com um limiar em cada ramo do aileron, que impede o encravamento da ligação de controlo do outro aileron em caso de saturação do servo;

um servo-controlo em cada manípulo que acciona o aileron correspondente.

Chame de Diretion, inclui :

os dois espalhadores ;

um sistema de ligação que utiliza cabos na fuselagem e hastes e patilhas na deriva;

um sistema de reação artificial e um cilindro de guarnição;

uma biela elástica com um limiar que limita as forças de pilotagem na entrada do servo;

um servo hidráulico que acciona o leme.

Os sistemas de reação artificial são caixas de molas com uma inclinação tripla no elevador e na empenagem, e uma inclinação dupla no leme. Cada caixa de molas pode ser movida pela ação de um atuador elétrico, que altera a posição de equilíbrio do controlo de esforço zero. Na corrente de profundidade, o dispositivo Arthur completa o SRA.

3.2- Sistemas servo

Aerofreins: As superfícies aerodinâmicas dos aerofreins estão localizadas na parte superior ou inferior da fuselagem da aeronave. Contribuem para reduzir a velocidade da aeronave através da abertura de duas superfícies metálicas na direção oposta à do vento. Cada travão é acionado por um cilindro hidráulico de corpo único, alimentado pelo circuito hidráulico correspondente através de um electrodistribuidor. É mantido na posição retraída por um trinco com bloqueio mecânico e desbloqueio hidráulico [40].

O comando piloto é dirigido à electroválvula que, por sua vez, autoriza a alimentação hidráulica dos cilindros e das caixas de ligação, assegurando igualmente o bloqueio hidráulico dos cilindros em todas as posições, exceto na posição de retração.

Trem **de** aterragem: funcionamento normal do trem de aterragem

inclui três sequências hidroeléctricas totalmente automáticas [41] :

abertura da portinhola ;

manobrar o trem de aterragem ;

fechar as portinholas (Figura 20).

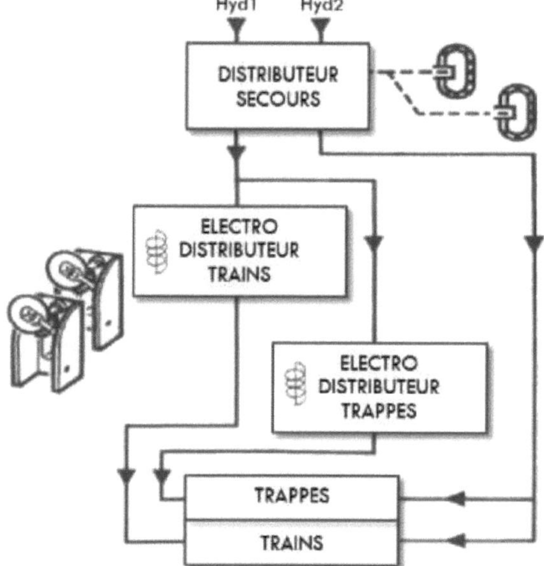

Figura 20: *Intercâmbios eléctricos e hidráulicos na sequência* TRAPPES TRAINS TRAPPES [42].

A energia hidráulica é fornecida pelo circuito hidráulico correspondente. As electroválvulas do trem de aterragem e do alçapão são alimentadas por uma válvula de emergência. Cada electroválvula tem uma electroválvula de entrada e uma electroválvula de saída. A válvula solenoide energizada permite que o fluido pressurizado entre numa câmara de cada peça de equipamento, enquanto a válvula solenoide não energizada permite que o fluido da outra câmara regresse ao reservatório hidráulico (figura 21).

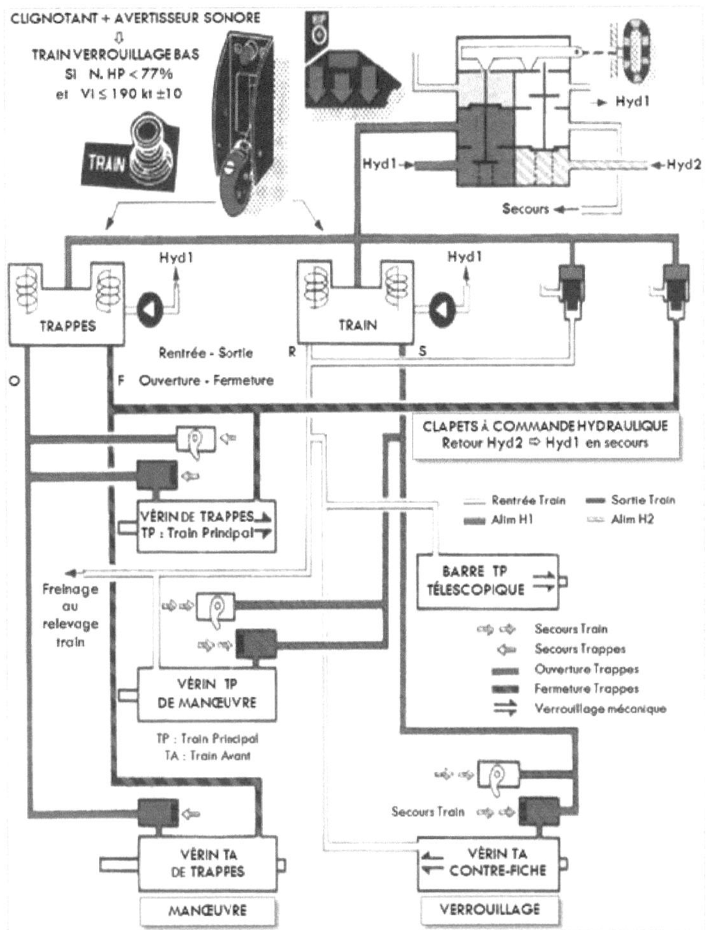

Figura 21. *Diagrama de blocos do funcionamento normal do circuito do comboio num avião de combate* [43].

As sequências eléctricas são obtidas por meio de contactores activados pelo fim de curso das portas e do trem de aterragem [44]. Alguns destes contactores permitem igualmente a sinalização [45]. Para cada sequência, os contactores são montados em série. Isto significa que, se um contactor não funcionar, toda a manobra é interrompida.

Cada módulo principal é composto por :

uma perna do módulo de aterragem ;

um cilindro de manobra ;

uma barra telescópica que bloqueia a perna do trem de aterragem na parte inferior;

uma caixa de fixação que bloqueia a perna do trem de aterragem na parte superior;

três portas, duas das quais são acionadas por um macaco, estando a terceira ligada à perna do trem de aterragem;

um fecho de escotilha que bloqueia a escotilha;

contactores de sequência e de sinalização.

O trem de pouso compreende :

uma perna de trem de aterragem com sistema anti-giro;

um contra-pino para manobrar e bloquear a perna do trem de aterragem na parte inferior;

uma caixa de fixação que bloqueia a escora na parte superior;

três portas, duas das quais são acionadas por um macaco, estando a terceira ligada ao trem de aterragem;

contactores de sequência e de sinalização.

A operação de emergência é inteiramente hidromecânica e apenas permite a extensão do comboio. A energia hidráulica é fornecida pelo segundo circuito de geração hidráulica. As sequências são controladas manualmente. No funcionamento de emergência, a alimentação do circuito normal é cortada na válvula de emergência. O circuito elétrico das electroválvulas fica inoperante e os circuitos de abertura das escotilhas e de descida do trem de aterragem são alimentados diretamente pelo segundo circuito hidráulico de geração através da válvula de emergência. Duas válvulas acionadas hidraulicamente asseguram o retorno do fluido ao primeiro circuito de geração hidráulica (figura 22).

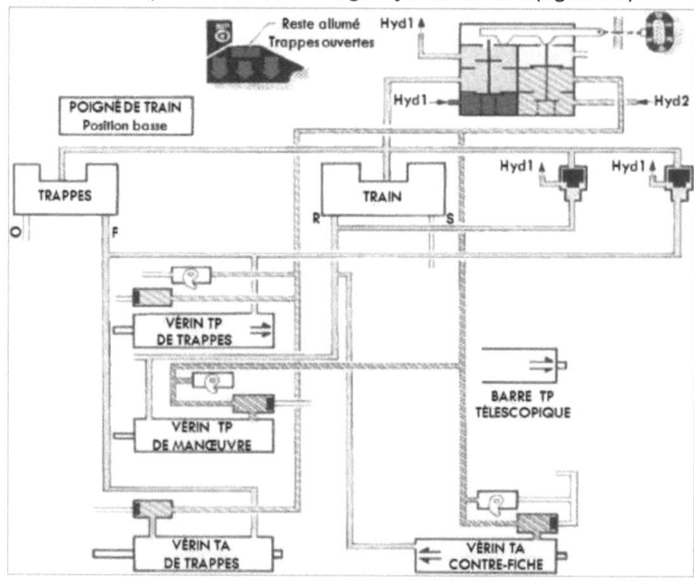

caça [46]

O sistema de travagem das aeronaves faz parte desta família de sistemas de serviço das aeronaves, para além dos aerobarcos e dos trens de aterragem. É considerado um sistema crítico devido à sua influência significativa no comportamento dinâmico e na segurança da aeronave durante a rolagem. Esta criticidade e influência aumentam no caso das aeronaves de combate, uma vez que o mau funcionamento deste sistema pode ter efeitos nocivos para as pessoas, os bens materiais e o ambiente.

Sistema de travagem: Por definição, a travagem da aeronave é assegurada pelo funcionamento de dois sistemas independentes [47] :

Travagem mecânica: devido ao atrito das rodas principais. Este sistema é o mais decisivo para controlar a aeronave durante as diferentes fases da aterragem até à sua paragem total;

Travagem aerodinâmica: opção para reduzir a velocidade de aterragem, através do acionamento de um travão de para-quedas e/ou da extensão dos aerofólios.

Energeticamente, a aeronave em movimento tem uma energia cinética proporcional à sua massa m e velocidade v, ou seja, : $E_c = \frac{1}{2} m v^2$, e uma energia potencial proporcional à sua massa m e altitude z, ou seja : $E_p = m\, g\, z$.

Um sistema de travagem é concebido para poder transformar esta energia mecânica noutra energia. Na maior parte das vezes, esta energia recuperada é dissipada sob a forma de calor, quer por compressão de gás (redução da velocidade do motor), quer por efeito de Joule (retardador elétrico), quer por um sistema de atrito mecânico [48].

A figura 23 mostra um diagrama de blocos de um sistema multifísico de travagem por fricção mecânica para um avião de passageiros. A travagem é controlada eletronicamente e é acionada pela pressão hidráulica do circuito verde em funcionamento normal. Em caso de falha do circuito verde, um interrutor automático permite a utilização do circuito de emergência amarelo.

No caso da travagem de emergência, apenas o circuito amarelo é utilizado em ligação hidráulica direta com os pedais de travão situados nos pedais do leme. Podemos ver claramente a importância da mecânica e da hidráulica, bem como o envolvimento da eletricidade e do controlo automático num sistema deste tipo.

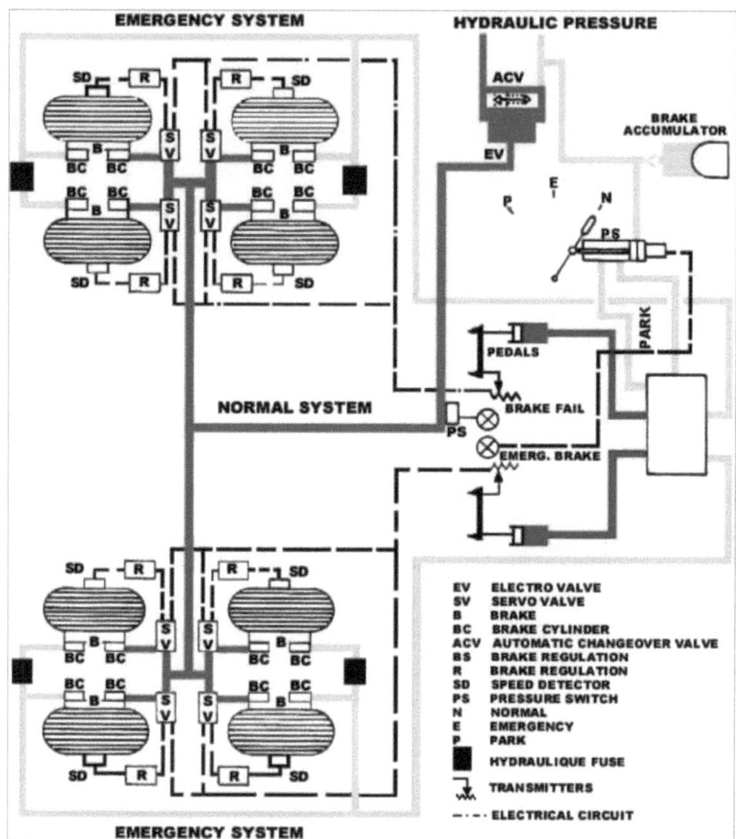

Figura 23. *Diagrama sinóptico do sistema de travagem multifísico do avião Concorde*

Para o nosso estudo, interessam-nos estes sistemas multifísicos de travagem de aeronaves, especialmente de aviões de combate, nomeadamente os sistemas hidromecânicos e electro-hidráulicos. São também considerados sistemas críticos, uma vez que têm uma grande influência no comportamento dinâmico das aeronaves no solo.

Para modelar um sistema de travagem de uma aeronave tão multidisciplinar, é necessário passar pelo nível de análise e síntese do sistema [49] :

caraterização do comportamento do sistema: estudo do funcionamento de cada componente e do sistema completo;

definir os parâmetros do sistema e as restrições que ligam esses parâmetros: são as especificações do sistema.

4- Estudo de um sistema de travagem hidromecânico

4.1- Alimentação do sistema hidráulico

A geração hidráulica de um avião de combate é assegurada por dois circuitos idênticos e independentes:

sistema de utilidade pública ;

sistema de controlo de voo [50].

Estes circuitos hidráulicos funcionam a 206 bar. A pressão em cada circuito é gerada por uma bomba de pistão acionada mecanicamente pelo reator.

O motor esquerdo acciona a bomba do sistema de utilidades, e o motor direito acciona a bomba do sistema de controlo de voo.

O sistema de controlo de voo fornece energia hidráulica para operar os comandos de voo. Enquanto o sistema de utilidades gera energia hidráulica para operar os servo-sistemas: o trem de aterragem, os aerofreios, a direção da roda do nariz e o sistema hidromecânico de travagem da aeronave.

Este sistema de travagem funciona a uma pressão hidráulica constante de 83 bar, por meio de um redutor de pressão instalado à saída do sistema hidráulico de serviço (figura 24).

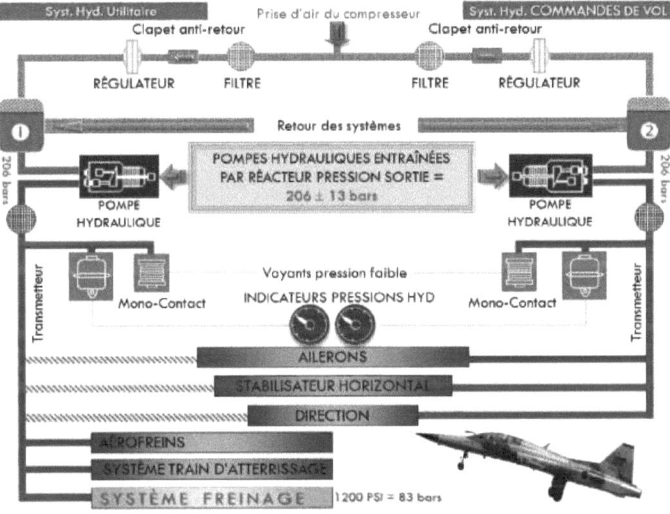

Figura 24. *Diagrama da geração hidráulica na aeronave* [51].

Os principais comandos de voo (ailerons, leme e estabilizador horizontal) são alimentados pelos dois sistemas hidráulicos em funcionamento normal. No entanto, se um dos sistemas falhar, a potência hidráulica necessária para estes comandos de voo é fornecida pelo sistema restante. O reservatório hidráulico de cada sistema é pressurizado pelo ar retirado do compressor de jato. Por conseguinte, a disciplina pneumática acentua a multidisciplinaridade destes sistemas (Figura 25).

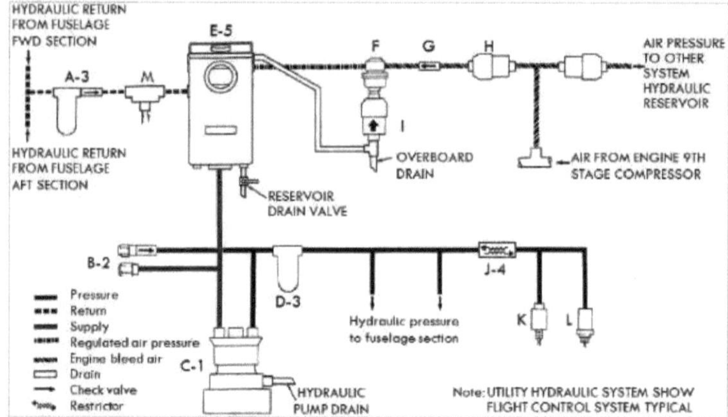

Figura 25. *Circuito do sistema de geração hidráulica do avião de combate* * [51]

Legenda da figura 25 :

Um filtro hidráulico para limpar o fluido de retorno antes de entrar no depósito.

B As tomadas de teste de desconexão rápida são utilizadas para ligar ao banco de ensaio hidráulico para testar o sistema de terra.

C Bomba hidráulica de pistão acionada pelo motor da aeronave, pressão do sistema fornecida a 206 bar.

D Filtro hidráulico que filtra o fluido da saída da bomba hidráulica e da entrada da tomada de ensaio quando o banco de ensaio hidráulico está ligado.

E O reservatório hidráulico contém 8 litros de fluido hidráulico e, durante o funcionamento normal, a 1,1 ± 0,1 bar de ar do reator.

O regulador de pressão de ar mantém uma pressão de 1,1 ± 0,1 bar no reservatório hidráulico.

G A válvula anti-retorno impede a entrada de óleo hidráulico ou vapores na linha de pressão de ar.

O filtro de ar de pressurização do depósito hidráulico H filtra o ar retirado do compressor.

i filtro de ar do reservatório que filtra o ar de exaustão para o reservatório hidráulico quando a pressão do compressor de ar não está disponível.

A válvula de estrangulamento do tipo amortecedor J instalada em cada sistema entre o filtro do sistema hidráulico, o transdutor de pressão e reduz a pressão do fluxo hidráulico, evitando picos e danos no transdutor de pressão e no interrutor de pressão, ao mesmo tempo que proporciona uma leitura fiável do manómetro.

K O transmissor de pressão hidráulica envia um sinal de pressão para o indicador de pressão hidráulica.

O pressóstato hidráulico fecha-se quando a pressão hidráulica é reduzida para menos de 102 ± 6,8 bar, fazendo acender a luz avisadora do sistema hidráulico na cabina. O pressóstato abre-se quando a pressão hidráulica é aumentada para 122,4 ± 6,8 bar e a luz de aviso do sistema hidráulico apaga-se.

M O interruptor de temperatura do fluido hidráulico fecha-se quando a temperatura do fluido hidráulico atinge 220 ± 5 F e abre-se quando a temperatura desce para 210 ± 10 F.

4.2- Como funciona o sistema

A travagem das aeronaves é assegurada por dois sistemas hidromecânicos idênticos, sincronizados em paralelo, cada um deles ligado entre o pedal do piloto e a roda correspondente. Cada sistema é composto por um pedal de comando mecânico, um distribuidor hidromecânico do travão para regular a pressão do travão e um bloco de travão (figura 26). Este último é constituído por vários discos montados na roda de cada perna do eixo principal correspondente. O circuito de

travagem é controlado pela força física aplicada pelo pé do piloto na metade
superior dos pedais do leme e é alimentado pela pressão do sistema hidráulico
utilitário da aeronave.

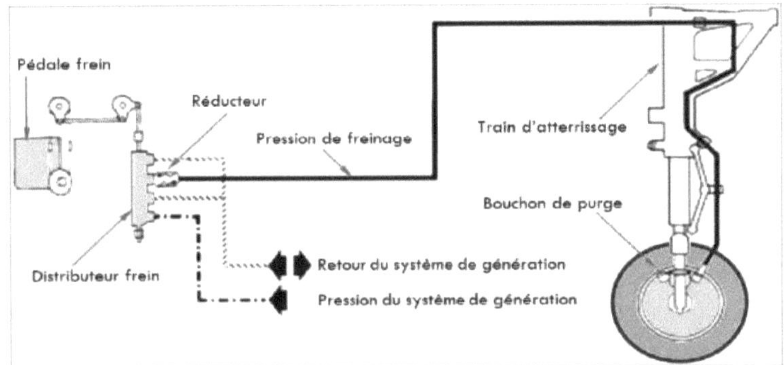

Figura 26. *Sistema de travagem hidromecânico para aviões de combate* [46].

A pressão hidráulica de utilização é fornecida ao distribuidor de travões, que
reproduz e regula a pressão de travagem necessária de acordo com um conjunto
complexo de regras. Esta regulação inclui a proporcionalidade à força aplicada ao
pedal, a gestão da pressão de retorno e, sobretudo, o controlo da tração. O
resultado é uma pressão de travagem hidráulica que é dirigida para os pistões da
unidade de travagem das rodas, que representam o recetor hidráulico deste
circuito. Este recetor acionado faz com que os discos do estator e os discos do
rotor entrem em contacto com uma placa de pressão fixada à jante, produzindo
fricção mecânica de travagem. Quando o pedal é libertado ou o atrito é atingido, a
pressão de travagem é reduzida, seguindo a regulação inversa no distribuidor, e as
molas de retorno dos pistões repõem os discos na sua posição inicial.

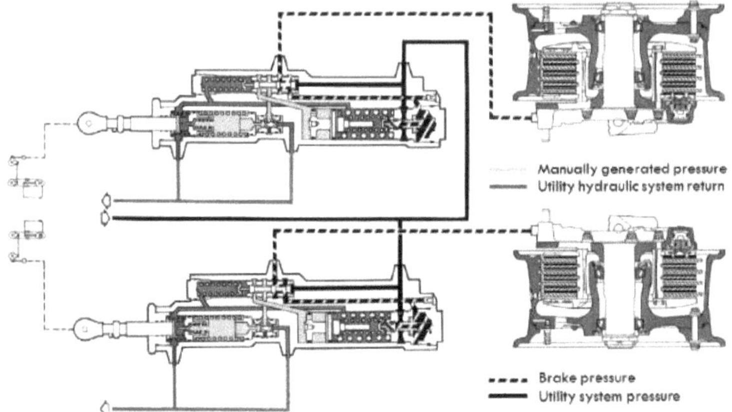

Figura 27. *Diagrama dos blocos hidromecânicos que constituem o sistema de travagem*
[52].

A figura 27 ilustra as entradas e saídas dos componentes do sistema de travagem e o diagrama do fluxo hidráulico. A válvula de controlo direcional tem um orifício de entrada ligado à fonte de geração hidráulica, um orifício de saída que alimenta os pistões do bloco de travão com pressão de travagem e dois orifícios de retorno. O funcionamento correto do distribuidor hidromecânico do travão é um elemento essencial e crítico para a eficiência e a segurança deste sistema. É o elemento central que une o elemento de controlo, o mecanismo do pedal ancorado pela haste do distribuidor, e o elemento de produção da travagem, o bloco do travão, que é o recetor da pressão do travão. Para uma modelação eficaz e coerente, dividimos o nosso sistema em subsistemas.

O pedal é a unidade de controlo da travagem na cabina. Este controlo é puramente mecânico, regido por uma lei de forças que regula a relação entre a força exercida pelo pé do piloto e o ângulo de translação angular correspondente (figura 28). Esta lei é concretizada por uma regulação específica. Na prática, os pedais podem ser regulados separadamente por meio de pás situadas no exterior. As marcações nas anteparas dos postos dianteiro e traseiro permitem regular os pedais de forma sincronizada.

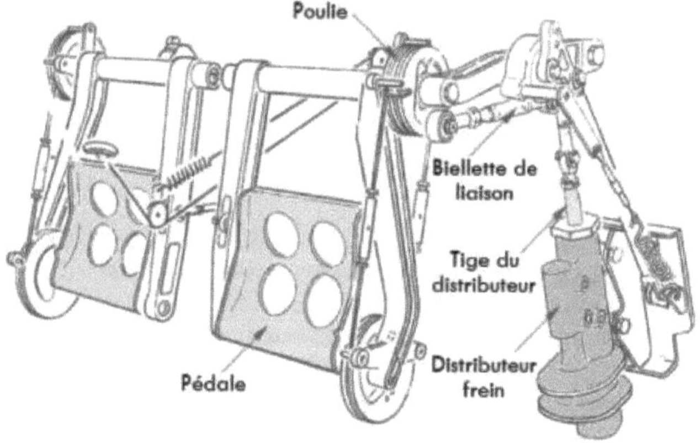

Figura 28. *Pedal e sua ligação mecânica* 53]

A aplicação de uma força física nos pedais da alavanca de controlo gera uma translação angular que é transformada, através de pólos de ligação mecânicos, numa translação linear através de uma barra de ligação, que por sua vez resulta num deslocamento do eixo da válvula de travão.

4.3- Distribuidor de travões hidromecânicos

O componente crítico do sistema de travagem da aeronave é o distribuidor do travão, que modula a potência hidráulica do gerador hidráulico para gerar a pressão de travagem adequada para os pistões do bloco do travão. Além disso, recebe um feedback da pressão de travagem quando o atrito desejado é atingido. Trata-se, portanto, de uma regulação complexa e reversível da pressão (figura 29). Assim, o funcionamento deste subsistema é decisivo para o desempenho do sistema completo.

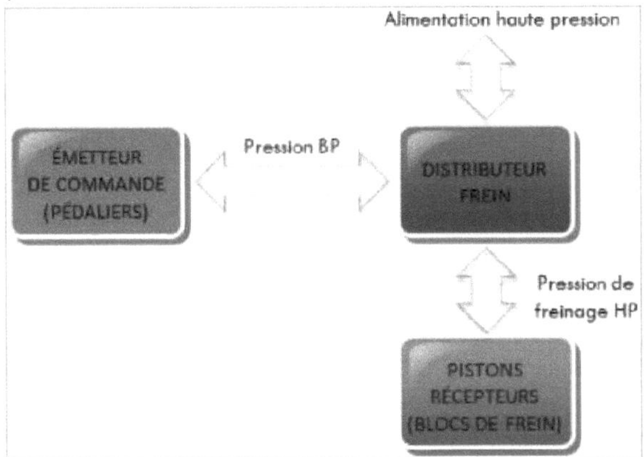

Figura 29. *Papel do distribuidor na travagem da aeronave*

Este distribuidor de travões é composto por uma biela com pólos de pedal, uma válvula tulipa, um cilindro principal, uma câmara de pistão, uma válvula doseadora, uma válvula de deteção de pressão, uma válvula de inversão e interligações de fluxo de fluido (figura 30).

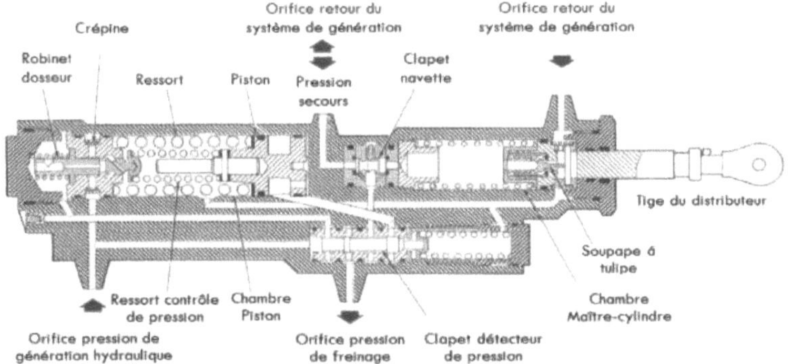

Figura 30. *Esquema do distribuidor do travão* [54].

Em repouso ou na posição de desbloqueio do travão, a mola de retorno na câmara do cilindro principal e a válvula tulipa mantêm a extensão máxima da ligação entre o distribuidor e o pedal (figura 31). De facto, no seu estado inicial, o regulador de pressão, sob a ação da sua mola, assume uma posição que bloqueia a admissão da pressão hidráulica de geração. Nesta situação, a válvula de vaivém assume a posição aberta permitindo a comunicação entre a câmara do cilindro mestre e o retorno do sistema de geração [55].

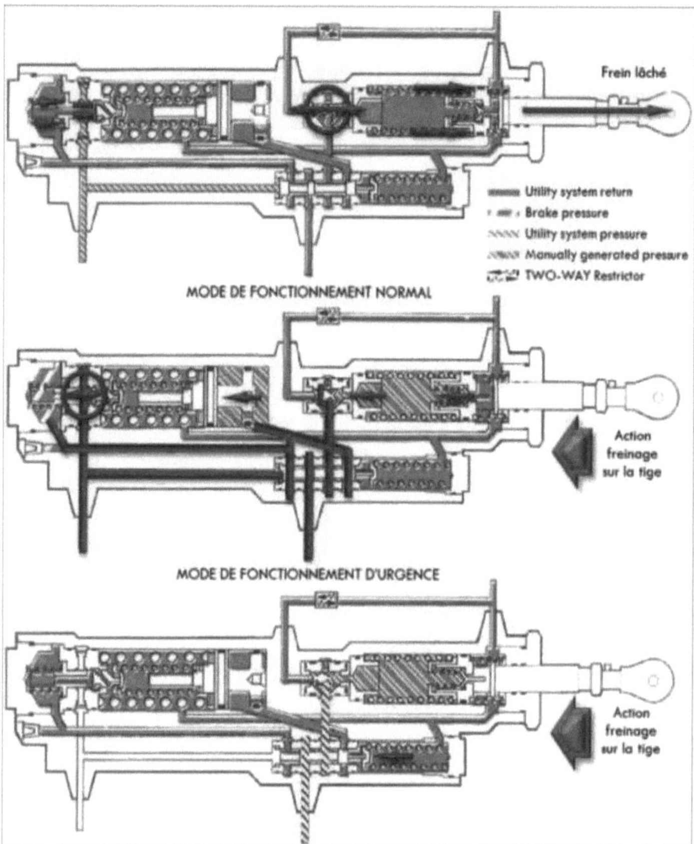

Figura 31. *Princípio de funcionamento do distribuidor* [56].

No modo de funcionamento normal, quando há pressão do sistema hidráulico na entrada da válvula, a aplicação de uma força angular na metade superior do pedal do travão resulta, através da ligação dos pólos, num deslocamento da haste da válvula, que tende a pressionar o pistão da câmara do cilindro principal e gera um aumento de pressão que coloca a válvula de vaivém na posição fechada. Esta pressão faz com que o pistão de dosagem se mova, exercendo uma força sobre a mola de pressão. O movimento do pistão faz com que a bobina da válvula de medição de pressão se mova através da pequena mola de controlo da pressão. O movimento da bobina permite alinhar o orifício de pressão do travão e o orifício de pressão do sistema de geração hidráulica.

Do mesmo modo, a pressão do travão, proporcional à força exercida no pedal, é dirigida para o bloco do travão. Quando a pressão do travão satisfaz o comando do esforço de travagem, o orifício da bobina da válvula proporcional à pressão fecha-se (figura 31).

Quando os pedais são libertados, a ação da mola reposiciona a válvula doseadora para cortar a pressão hidráulica de serviço do bloco de travão e permite que a pressão hidráulica de travagem regresse através das quatro molas de retorno do pistão do bloco de travão.

No modo de emergência, em caso de perda de pressão no sistema hidráulico do utilitário, o distribuidor do travão funciona como um cilindro principal do travão. Como resultado, a aplicação de uma força maior no pedal do travão faz com que a haste se mova, gerando manualmente pressão na câmara do cilindro mestre. Esta pressão é transmitida diretamente para o bloco de travão através da válvula sensível à pressão, tornando a travagem disponível e eficaz. Soltar os pedais faz com que a haste retorne e o fluido hidráulico retorne ao sistema hidráulico do utilitário.

5 Estudo de um sistema de travagem electro-hidráulico

5.1- Alimentação do sistema hidráulico

A geração hidráulica do sistema de travagem é igualmente assegurada por dois circuitos independentes. Em funcionamento normal, cada circuito é pressurizado a 206 bar. Esta pressão é fornecida por uma bomba acionada mecanicamente pelo reator esquerdo, para o circuito esquerdo, e pelo reator direito, para o circuito 2. No modo de emergência, uma bomba acionada eletricamente, instalada como bypass no circuito 2, compensa a falha da bomba do reator direito (figura 32).

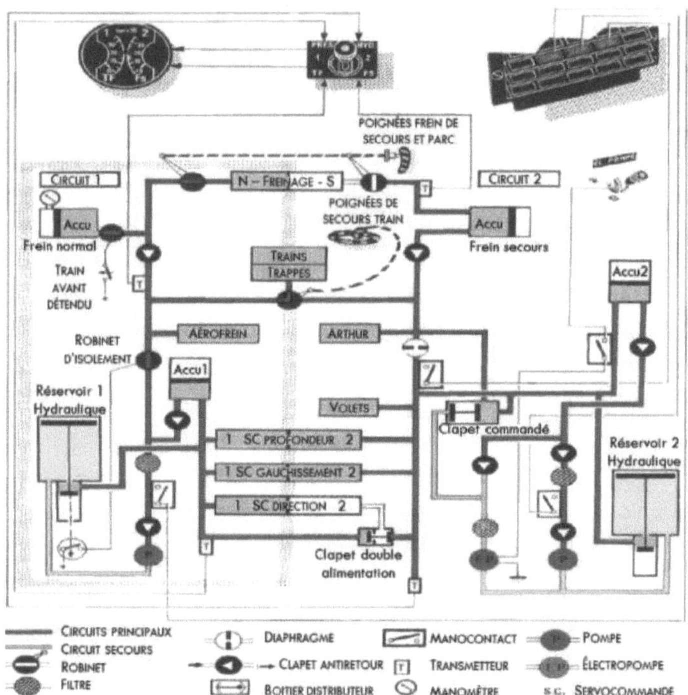

Figura 32. *Diagrama esquemático do sistema de geração hidráulica da aeronave* [43].

O circuito hidráulico 1 alimenta, através de um acumulador, um corpo de servos de controlo de voo do elevador, do passo e do leme. Este circuito hidráulico alimenta igualmente, através de uma válvula de isolamento, os sistemas servo: o circuito dos freios aerodinâmicos, o circuito normal das portas/comboio e o circuito normal de travagem.

No caso de uma falha no circuito hidráulico 1, o circuito hidráulico 2, através do acumulador normal, alimenta os servos de controlo de voo, o atuador do flap de elevação elevada e também, através de uma válvula de controlo, o atuador do dispositivo de proporção da força Arthur, o circuito das portas de emergência/comboio e o circuito de travagem/estacionamento de emergência.

Por razões de segurança funcional, o circuito hidráulico 2 pode ser alimentado por uma alimentação de emergência secundária, fornecida pelo circuito hidráulico 1, para assumir o controlo em caso de queda de pressão neste circuito. Assim que a bomba do circuito 2 deixa de fornecer a pressão mínima necessária, a eletrobomba de caudal constante (5l/min) entra em funcionamento, permitindo que os componentes se mantenham operacionais. Quando o circuito de emergência é pressurizado pela bomba eléctrica, a válvula de controlo fecha-se e o fluxo é dirigido prioritariamente para os comandos de voo e os flaps, e através de um diafragma para o ramo de alimentação do Arthur, o trem de aterragem de emergência e o travão de emergência. A bomba eléctrica arranca quando a pressão desce abaixo dos 130 bar e pára quando a pressão atinge os 175 bar. Um interrutor na posição On permite o funcionamento automático da eletrobomba em caso de falha do circuito hidráulico2.

O circuito hidráulico 1 inclui :

um reservatório pressurizado hidraulicamente com uma capacidade de 5 litros, equipado com um manómetro e micro-interruptores;

uma válvula de isolamento de serviço, que se fecha automaticamente quando o nível do reservatório desce abaixo dos 2,1 litros;

uma bomba auto-reguladora com um caudal de 23 l/min;

um filtro ;

um acumulador para os servocomandos ;

um acumulador para a travagem normal ;

interruptores e transmissores de pressão.

O circuito hidráulico 2 compreende :

um reservatório pressurizado hidraulicamente com uma capacidade de 5 litros;

uma bomba auto-reguladora com um caudal de 23 l/min;

um filtro ;

uma pilha normal ;

uma bateria de travão de emergência ;

uma válvula de alimentação dupla ;

uma bomba eléctrica de emergência ;

transmissores e interruptores de pressão.

Do que precede, a geração hidráulica do sistema de travagem normal é assegurada pelo circuito hidráulico 1 e a do sistema de travagem de emergência pelo circuito hidráulico de emergência do circuito hidráulico 2.

5.2- Circuitos do sistema

O sistema de travagem foi concebido para absorver uma energia correspondente à energia de socorro que leva à destruição dos travões após a travagem. Em condições normais ao nível do mar, esta energia é conseguida parando a aeronave de 5300kg com uma velocidade de início de travagem de 119kt. Nas mesmas condições, os travões absorvem uma quantidade normal de energia obtida, por exemplo, com a paragem de uma aeronave de 4500 kg a uma velocidade de início de travagem de 100 kt. Para evitar que o pneu rebente depois de os travões terem aquecido consideravelmente, os fusíveis incorporados na roda derretem sob o efeito do calor e esvaziam o pneu.

O sistema de travagem é composto por dois circuitos independentes [42] :

um circuito normal: equipado com um sistema de controlo da tração, comandado pelos pedais dianteiros e traseiros. A travagem é diferencial e progressiva;

um circuito de emergência: comandado mecanicamente pela alavanca do travão de emergência em cada estação e utilizado para a travagem automática das rodas quando o trem de aterragem é levantado. O manípulo da estação da frente tem uma posição de estacionamento.

5.2.1- *Circuito de travagem normal*

O circuito de travagem normal é composto por dois circuitos de excitação e um circuito de potência (figura 33). Os dois circuitos de excitação hidráulica que controlam a travagem normal estão ligados de modo a obter uma travagem diferencial e progressiva e são constituídos por [57] :

quatro transmissores acionados pelos pedais do leme ;

dois reservatórios que alimentam o circuito do transmissor: uma válvula de descompressão evacua o excesso de fluido hidráulico, através de um tubo comum, livremente para o exterior sob a fuselagem;

dois circuitos de pressão independentes regulados a partir das placas de base, equipados com um by-pass, uma electroválvula e uma válvula anti-retorno;

o circuito de potência é constituído por um relé de expansão hidroelétrica e um sistema eletrónico de controlo da tração.

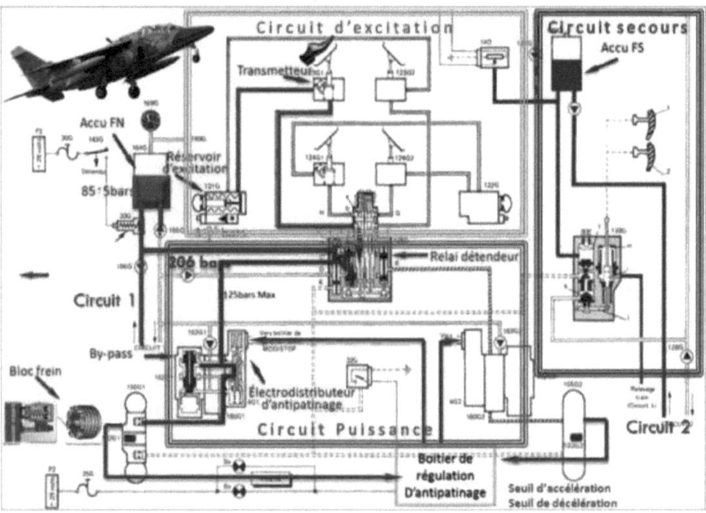

Figura 33. *Circuitos do sistema de travagem* [58].

Em funcionamento normal, a inclinação dos pedais comanda o circuito de excitação que provoca o movimento do pistão do transmissor, pressurizando assim o circuito de excitação e as câmaras do relé redutor de pressão. Esta pressão de excitação, actuando sobre o relé redutor de pressão normal, abre o orifício de alimentação em função da posição da bobina de calibração. Esta abertura permite a passagem da pressão reduzida para a placa de base. Esta pressão fornecida pelo relé, aliviada em função do esforço exercido sobre o pedal, chega aos calços de travão através do sistema antipatinagem (figura 34). Enquanto a pressão não atingir o limiar de fecho do by-pass, os travões são alimentados diretamente através do by-pass. Em seguida, é encaminhada para a válvula solenoide que regula a alimentação de pressão dos cepos de travão de acordo com as informações do sistema de controlo da tração [59].

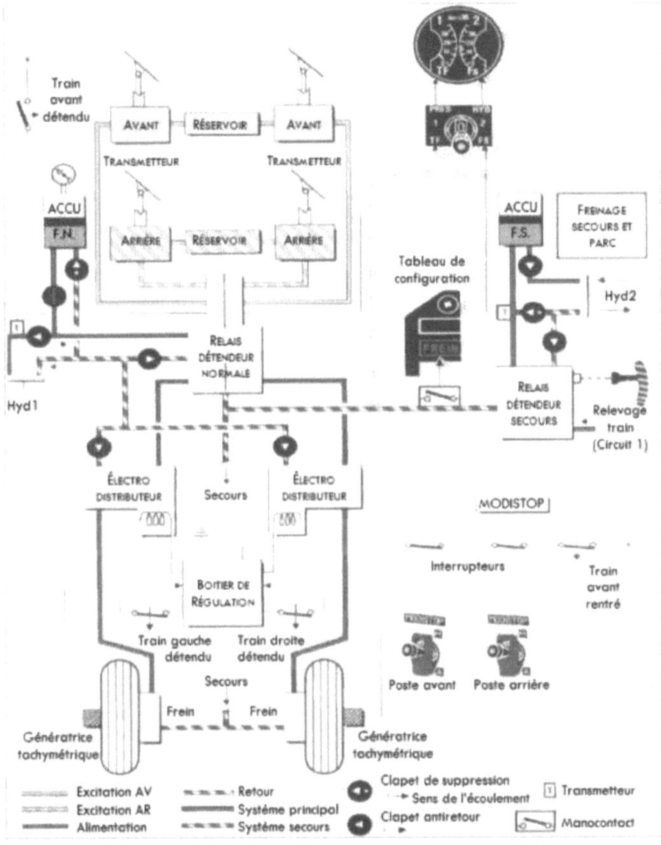

Figura 34. *Circuitos do sistema de travagem* [60].

Assim que o pedal é libertado, a pressão no circuito de excitação diminui. O sistema é devolvido pela sua mola, e o circuito de pressão relaxada comunica com o circuito de retorno e mascara o orifício de alimentação. A queda de pressão provoca a abertura do bypass.

O relé redutor de pressão normal é alimentado pelo circuito hidráulico 1 e por um acumulador de travões isolado do circuito durante o voo por uma válvula (microinterruptor).

no amortecedor dianteiro). A pressão de enchimento do acumulador é de cerca de 85 ± 5 bar.

5.2.2- *Sistema de travagem de emergência e de estacionamento*

O circuito de travagem de emergência e de paragem é comandado pelas alavancas do travão de emergência, que são combinadas mecanicamente em rotação e accionam um relé redutor de pressão de emergência por meio de um comando flexível. O relé redutor de pressão de emergência é alimentado pelo circuito hidráulico 2 através de um acumulador do travão de emergência. Este fornece simultaneamente pressão a ambos os travões, proporcional à rotação dos manípulos. Esta pressão é igualmente dirigida para o relé de descompressão normal, a fim de tornar inoperante o circuito de travagem normal. Quando o comboio se retrai, as rodas são automaticamente travadas pelo relé redutor de pressão de emergência (figura 35).

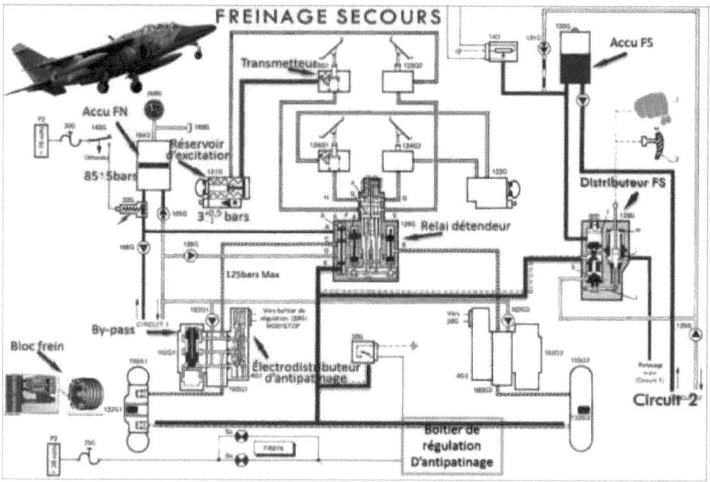

Figura 35. *Funcionamento da travagem de emergência* [61]

5.3- Controlo de tração e calços de travão

5.3.1- *Subsistema de controlo da tração*

O subsistema de controlo da tração é um sistema que funciona segundo o princípio *"on/off"* (figura 36). É composto por uma unidade de controlo para cada roda [59] :

uma electroválvula montada no circuito normal de travagem;

um gerador taquimétrico ;

um micro-interrutor no amortecedor.

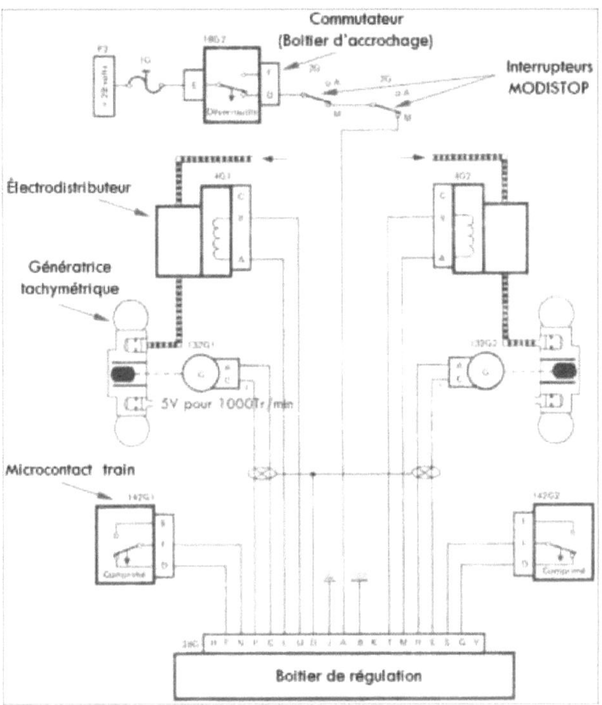

Figura 36. *Subsistema de controlo da tração* 62|

O subsistema de controlo da tração é alimentado pela barra P2 quando a mudança está em baixo e os interruptores de controlo da tração em cada estação estão regulados para Ligado. A partir do

Quando a pressão nos travões é demasiado elevada e tende a bloquear as rodas, a unidade de comando gera sinais de controlo para as electroválvulas que proporcionam a libertação dos travões. A unidade de comando gera igualmente a proibição de travagem pré-impacto, que é levantada rodando as rodas principais ou comprimindo os amortecedores das rodas principais. Quando activada pela unidade de comando, a electroválvula impede a admissão de pressão e faz com que esta pressão regresse ao reservatório do circuito 1.

Um interrutor anti-skid em cada subestação corta a alimentação eléctrica do sistema. Se o interruptor estiver desligado, a carga do condensador na caixa de controlo cai para zero. Quando o interruptor do controlo de tração é ligado novamente, são necessários no máximo 2 segundos para que este condensador recarregue e dê comandos às electroválvulas.

5.3.2- Subsistema de cepos de freio

A unidade de travagem fornece travagem normal e de emergência e inclui um dispositivo de ajuste de desgaste (Figura 37). Este equipamento (pesando 15 kg)

permite travar a aeronave, imobilizá-la quando estacionada e dirigi-la quando em rolagem. É composto por [63] :

um bloco hidráulico ;

um tubo de torção ;

uma placa de retenção ;

uma ligação FN ;

uma ligação FS ;

partes quentes.

O bloco de travão é acionado por pressão hidráulica fornecida a pedido. Esta pressão actua sobre um conjunto de quatro pistões montados no bloco para criar fricção mecânica de travagem.

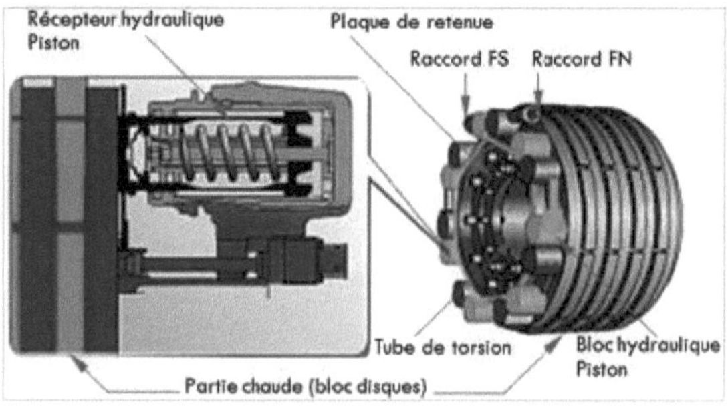

Figura 37. *Bloco do travão*

6- Conclusão

Neste capítulo descrevemos o aspeto multifísico dos sistemas aeronáuticos, focando as fontes de energia destes sistemas, nomeadamente as gerações eléctrica e hidráulica e também os componentes padrão dos circuitos hidráulicos das aeronaves. De seguida, apresentamos um breve inventário dos principais sistemas multifísicos aeronáuticos. Finalmente, apresentamos um estudo de caso de dois sistemas de travagem de aeronaves. Ilustrámos os aspectos funcionais mecânicos, hidráulicos, eléctricos e electrónicos dos seus subsistemas e componentes.

Para estudar e analisar o comportamento destes sistemas multifísicos, é necessário um protótipo virtual que utilize a modelação. Para o efeito, apresentaremos uma abordagem versátil para a modelação física 1D de sistemas multifísicos. Esta abordagem será aplicada, utilizando ferramentas unificadas, aos dois sistemas de travagem de aviões de combate que são objeto do nosso estudo.

CAPÍTULO 4

ABORDAGEM MULTIDISCIPLINAR MODELAÇÃO FÍSICA

1- Introdução

Atualmente, a necessidade de estudar o comportamento, validar a coerência estática e dinâmica e otimizar o funcionamento de novos produtos multifísicos complexos em todas as fases do seu ciclo de vida levou ao aparecimento de novos métodos de organização, como a engenharia simultânea. O desenvolvimento destes produtos continua a ser um processo dispendioso. Em consequência, tornaram-se essenciais novos métodos de trabalho baseados na colaboração de várias disciplinas e na modelação e simulação [64].

Neste capítulo, desenvolvemos um método de modelação física 1D de sistemas multidisciplinares.

A aplicação diz respeito à modelização de dois sistemas de travagem de aeronaves, explorando os resultados obtidos no capítulo anterior. Ilustramos a forma de modelar um sistema multidisciplinar deste tipo utilizando uma abordagem fragmentada e orientada para os componentes, recorrendo a ferramentas de modelação unificadas entre disciplinas físicas.

2- Abordagem de modelação orientada para as componentes

O desenvolvimento de equações para o funcionamento e o comportamento de um sistema multifísico é uma tarefa cuja complexidade aumenta consideravelmente com o número e a diversidade dos componentes envolvidos no sistema [65]. A utilidade de uma abordagem polivalente para sistemas multifísicos já foi demonstrada em numerosos estudos de investigação.

A forma de ultrapassar este problema é adotar uma abordagem de modelação orientada para os componentes. Trata-se de um método inovador de modelação multifísica que consiste em desenvolver modelos gerais, em vez de modelos analíticos, que representam os componentes do sistema através de valores específicos atribuídos aos parâmetros físicos e geométricos que os caracterizam.

Na sua aplicação, esta abordagem refere-se à engenharia de sistemas, que se baseia no princípio de que um sistema complexo é construído através da montagem de subsistemas, por sua vez componentes. Assim, o princípio de conceção deste método é que os grandes sistemas são concebidos a partir de sistemas mais simples [66].

2.1- Princípio da abordagem

A abordagem orientada para os componentes é um princípio fundamental para a modelação e análise desenvolvidas para diferentes ramos da engenharia.

Considera um sistema como um conjunto de componentes que constituem bibliotecas predefinidas para diferentes domínios físicos.

A orientação por componentes permite a definição de arquitecturas modulares baseadas em componentes. Cada componente está associado a uma representação digital que pode ser reutilizada e alargada, tornando-a útil numa vasta gama de aplicações, desde a modelação e simulação até à implementação e controlo.

Existem dois tipos de componentes num modelo numérico de um sistema: componentes de produto e componentes de processo. Os primeiros fornecem representações orgânicas e os segundos contribuem para a coesão do modelo do sistema a modelizar. Os seus protótipos digitais apoiam a evolução, a adaptação e a montagem dos componentes.

A gestão da complexidade de um sistema baseia-se em três princípios:

abstração na análise do comportamento dos componentes, independentemente da sua representação interna;

decomposição de sistemas complexos em subsistemas e componentes mais básicos ;

ligar subsistemas e componentes de acordo com as suas interações.

A composição de um modelo de um sistema baseado na física é adequadamente descrita numa representação geométrica unidimensional. Os submodelos de um sistema devem ser ligados entre si. Para o efeito, cada submodelo está equipado com portas, que podem ter várias entradas e saídas (Figura 38). A causalidade é imposta ligando as entradas de um submodelo à saída de outro submodelo e vice-versa. Esta abordagem permite simular o comportamento de sistemas inteligentes antes de a sua geometria CAD detalhada estar disponível.

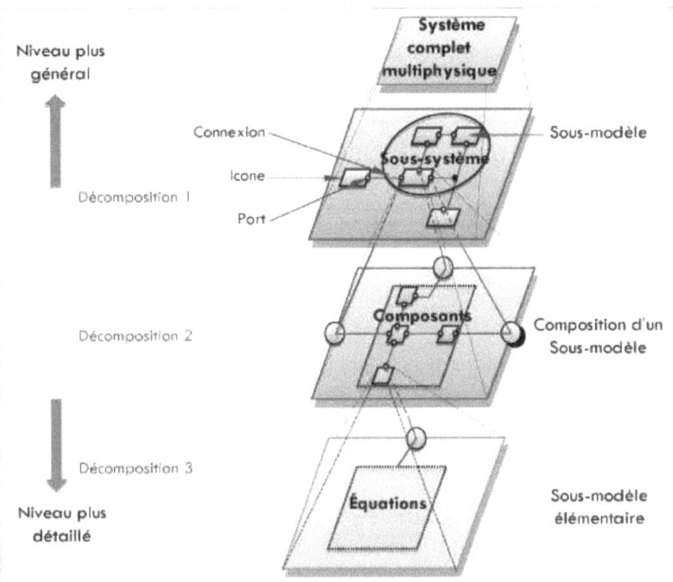

Figura 38. *Decomposição modular de um sistema multifísico*

2.2- Caraterísticas e vantagens

2.2.1 - Caraterísticas da abordagem

Trata-se de uma abordagem à modelação de sistemas multifísicos baseada em paradigmas específicos:

Modelação causal: As equações de cada modelo são escritas de forma declarativa, ou seja, indicando os princípios físicos em vez de escrever os algoritmos de cálculo, independentemente das condições de fronteira reais e sem decidir a priori quais são os inputs e os outputs. O resultado são modelos causais, descritos como sistemas DAE (Equações Algébricas Diferenciais), que representam a forma mais natural e fisicamente coerente de representar cada componente do sistema. A causalidade do modelo é determinada automaticamente pelo ambiente de simulação quando um modelo global do sistema é montado a partir de modelos elementares. Desta forma, os modelos são mais fáceis de escrever, documentar e reutilizar, ao passo que o ónus de determinar a sequência real dos cálculos necessários para a simulação é deixado inteiramente às ferramentas de manipulação automática;

Transparência do código: as equações de um modelo são bem adaptadas à forma como estão escritas no papel, de modo a que seja fácil compreender o que está no interior de um determinado modelo, mas também modificá-lo ou melhorá-lo;

Encapsulamento: A interação entre componentes e "sub" modelos é implementada por interfaces rigorosamente definidas, designadas por conectores, cuja conceção é de importância primordial. Um conetor é definido por um conjunto de variáveis de esforço e um conjunto de variáveis de fluxo, enquanto o ambiente de simulação implementa uma ligação igualando as variáveis de esforço e equilibrando as variáveis de fluxo. Por exemplo: os conectores eléctricos transportam uma *"força"* de tensão e um *"fluxo"* de corrente, os conectores térmicos transportam uma *"força"* de temperatura e um *"fluxo"* de calor, os conectores de transmissão transportam uma *"força"* de ângulo e um *"fluxo"* de binário, etc. Desde que dois elementos diferentes tenham conectores compatíveis, podem ser ligados entre si, independentemente dos seus pormenores internos (quadro 1);

Património: os modelos podem ter uma estrutura hierárquica em que modelos mais complexos são obtidos a partir de modelos mais simples.

Domínio	Quantidade de fluxo	Nível de esforço
Elétrico	Corrente [A]	Tensão [V]
Mecânica de translação	Força [N]	Velocidade [m/s]
Mecânica rotacional	Binário [Nm]	Velocidade de rotação [rad/s]
Hidráulica	^{3}Caudal volúmico [m /s]	Pressão [Pa]
Térmica	Fluxo de calor [J/s]	Temperatura [K]

Quadro 1. *Representação unificada para diferentes domínios físicos (P = esforço xfluxo)*

2.2.2- *Vantagens da modelação orientada para os componentes*

Para além das vantagens da análise e validação modular, da reconfigurabilidade, da controlabilidade e da interoperabilidade dos modelos, esta abordagem oferece os seguintes benefícios

Modularidade: a programação modular permite a reutilização de código através da escrita de ;

Reutilização: A modelação causal e o encapsulamento são fortes incentivos ao desenvolvimento de bibliotecas de modelos polivalentes que podem ser reutilizados em diferentes domínios de engenharia;

Extensibilidade: Esta caraterística é essencial para o desenvolvimento de bibliotecas de modelos modificáveis. Isto facilita a substituição de uma parte de um modelo de sistema por um modelo mais detalhado ou simplificado, sem afetar o resto do modelo;

Modelação multifísica: O âmbito da modelação é geral. De facto, fornece primitivas de modelação como a álgebra geral, as equações diferenciais e diferenciais, e não está ligada a um domínio particular da engenharia, como a mecânica, a eletrotecnia ou a termodinâmica. É, por isso, relativamente simples de utilizar na modelação de sistemas com carácter multidisciplinar, como os sistemas mecatrónicos, resultantes da interação de subsistemas mecânicos, eléctricos e de controlo, ou as centrais nucleares, resultantes da interação de subsistemas termo-hidráulicos, nucleares e de controlo.

Assim, ao adotar esta abordagem, a complexidade do processo de modelização limita-se ao desenvolvimento das equações dos componentes elementares e à definição normalizada das interfaces dos componentes. A construção de um modelo através da agregação ou "ligação" dos componentes elementares é fácil e intuitiva, resultando geralmente numa apresentação semelhante à do sistema físico.

3- Implementação da abordagem

3.1- Recursos de software dedicados à abordagem

As ferramentas de modelização convencionais são normalmente utilizadas para simular domínios físicos isolados: CATIA ou Pro-Engineer para a cinemática, ISIS para a eletrónica, Fluent para a mecânica dos fluidos, etc. As ferramentas de modelação multifísica são utilizadas para modelar e simular sistemas que envolvem vários domínios físicos.

Atualmente, as ferramentas Simulink e AMESim surgiram como padrão para um sistema modular, como linguagens de modelação acausal para uma modelação completa e eficiente e também como ambientes de simulação.

3.1.1- *Laboratório AMESim Imagine*

AMESim (Advanced Modeling Environment for performing Simulations) da LMS International é um software de simulação para a modelação e análise de sistemas 1D multi-domínio. É uma linguagem para a modelação de sistemas físicos grandes, complexos e heterogéneos, que está equipada com todos os paradigmas de modelação orientados para os componentes. Fornece igualmente um quadro adequado para apoiar esta abordagem orientada para os componentes.

O software oferece um conjunto de modelação e simulação 1D para modelar e analisar sistemas inteligentes multi-domínio e prever o seu desempenho multi-disciplinar. Por exemplo, sistemas mecatrónicos em robótica, aplicações automóveis e aeronáuticas (com subsistemas mecânicos, eléctricos, hidráulicos e de controlo). Pode ser utilizado para ligar subsistemas de diferentes domínios físicos (hidráulico, pneumático, mecânico, elétrico, etc.). Inclui um conjunto de bibliotecas de modelos de blocos geométricos unidimensionais predefinidos de componentes de diferentes domínios físicos. A Figura 39 mostra um exemplo de modelos de blocos.

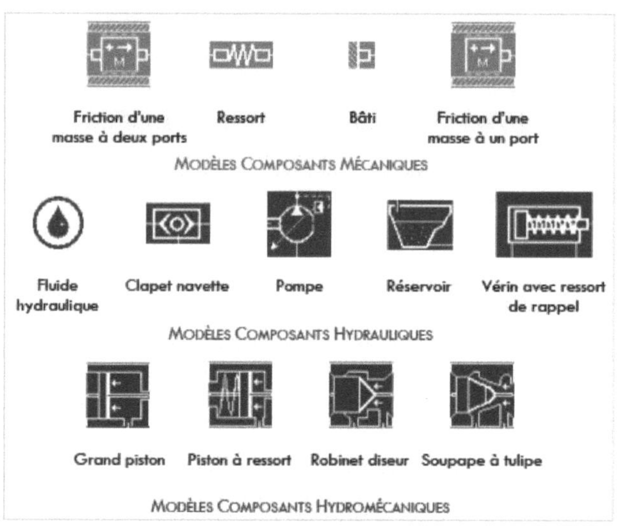

Figura 39. *Componentes da biblioteca AMEsim por domínio*

Entre a passagem do modo de submodelo para o modo de parâmetro, o submodelo é compilado. Portanto, é necessário um compilador. Na plataforma Windows, AMESim trabalha com o compilador gratuito Gnu Compiler Collection (GCC), que é fornecido com AMESim, mas também com o compilador Microsoft Visual C++.

3.1.2- *Simscape / Simulink / MATLAB*

A linguagem Simscape é uma extensão do Simulink do MATLAB desenvolvida pela MathWorks. Fornece um ambiente de desenvolvimento de modelação multifísica 1D com ferramentas para modelar sistemas e domínios mecânicos, eléctricos, hidráulicos e outros sistemas físicos. Foi concebido para criar, desenvolver e partilhar modelos 1D de componentes (mecânicos, electromecânicos, hidráulicos, etc.) no ambiente Simulink. O software Simscape facilita assim a modelação, a simulação e a análise de sistemas físicos multi-domínio. Além disso, permite conceber o modelo físico de um sistema multidisciplinar sem utilizar as junções matemáticas dos componentes, utilizando a abordagem acausal da modelização orientada para os componentes. É, portanto, da mesma família que o software AMESim. Este tipo de ferramenta é utilizado para o pré-dimensionamento ou a validação da arquitetura de um sistema antes de passar à implementação de modelos detalhados em ferramentas CAD.

Além disso, ao contrário do Simulink, em que os fios entre os blocos representavam fluxos unidireccionais de dados (causalidade) e os blocos representavam o processamento matemático desses dados, no Simscape os blocos representam elementos físicos, como um motor de corrente contínua ou um cilindro hidráulico, e os fios representam os veios mecânicos, os cabos eléctricos ou os tubos hidráulicos que ligam os elementos. Estes fios modelam fluxos de dados bidireccionais, cuja natureza varia consoante o domínio físico. Por exemplo, no domínio elétrico, os fios transportam dados de corrente e de tensão.

Existem outras ferramentas de modelação informática 1D que permitem a modelação de sistemas multifísicos e, por conseguinte, a sua representação funcional e estética. Entre as várias linguagens e ferramentas de modelação física desenvolvidas a partir do final dos anos 70, podemos citar : ASCEND, OMOLA, gPROMS, MOSES, Modelica e Dymola. Todos estes pacotes de software foram concebidos para outros fins que não a modelação de sistemas multidisciplinares. Desde então, foram modificados para responder à procura atual de modelização e simulação. Baseiam-se na programação orientada para os objectos.

3.2- Compatibilidade linguística

O software de modelização orientado para componentes é geralmente compatível com a linguagem orientada para objectos. A abordagem por objectos foi inventada para facilitar a evolução de aplicações complexas. No entanto, a dificuldade deste tipo de modelização reside na criação de uma representação abstrata, sob a forma de objectos, de entidades que têm uma existência material. É este o método que conduz a arquitecturas de software baseadas nos objectos do sistema e não na função que este deve desempenhar.

3.2.1- *Princípios da programação orientada para os objectos*

A programação orientada para objectos é um paradigma de programação de computadores desenvolvido por ALAN KAY na década de 1970. Consiste na definição e interação de blocos de construção de software denominados objectos. Simula foi a primeira linguagem de programação a implementar o conceito de classes em 1967. Em 1976, Small talk implementou os conceitos de encapsulamento, agregação e herança (os principais conceitos da abordagem por objectos).

A abordagem orientada para os objectos considera o software como um conjunto de objectos separados, identificados e com caraterísticas. Uma caraterística é um atributo (dados que caracterizam o estado do objeto) ou uma entidade comportamental do objeto (uma função). A funcionalidade do software emerge então da interação entre os diferentes objectos que o compõem. Uma das caraterísticas distintivas desta abordagem é o facto de reunir os dados e o seu processamento associado num único objeto.

A programação dos objectos de uma aplicação implica a modelização informática de um conjunto de elementos de uma parte do mundo real num conjunto de entidades informáticas. Estas entidades informáticas, designadas por Objectos, têm as seguintes caraterísticas

os dados do objeto são quantificados de forma discreta;

cada objeto tem a sua própria identidade inerente;

dois objetos são distintos, mesmo que todos os seus valores de atributos sejam idênticos;

cada objeto tem um identificador único, através do qual pode ser referido e manipulado de várias formas, como um endereço, um índice de matriz ou um número artificial.

3.2.2- *Conceitos básicos de programação orientada para objectos*

Os principais conceitos básicos desta programação são :

Objeto: Um objeto é uma abstração de um elemento do mundo real. Possui informações, por exemplo, nome, apelido, morada, etc., e comporta-se de acordo com um conjunto de operações que lhe são aplicáveis.

Além disso, um conjunto de atributos caracteriza o estado de um objeto e temos um conjunto de operações (métodos) que nos permitem agir sobre o comportamento do nosso objeto.

Um objeto é uma instância de uma classe, e uma classe é um tipo de dados abstrato, caracterizado por propriedades (os seus atributos e métodos) comuns aos objectos, que pode ser utilizado para criar objectos com essas propriedades.

Noção de classe: Uma classe é a estrutura de um objeto, ou seja, a declaração de todas as entidades que compõem um objeto. Os objectos da mesma natureza têm geralmente a mesma estrutura e o mesmo comportamento. A classe factoriza as caraterísticas comuns destes objectos e permite classificá-los. Um objeto é, portanto, uma instanciação de uma classe, razão pela qual se pode falar indiferentemente de um objeto ou de uma instância (ou eventualmente de uma ocorrência). Todas as instâncias de uma classe são extensões da classe.

É um tipo abstrato de dados caracterizado por propriedades (atributos e operações) comuns aos seus objectos e um mecanismo para criar objectos com essas propriedades.

Classe = instanciação + atributos (variáveis de instância) + operações

Instanciação: O objeto tem uma identidade que o distingue de outros objectos, independentemente do seu estado. A instanciação representa a relação entre um objeto e a sua classe de associação, que foi utilizada para o criar;

Atributos: Têm um nome e um tipo básico (simples ou construído) ou uma classe (o atributo refere-se a um objeto da mesma ou de outra classe);

Operações: Estas são as operações (por vezes chamadas métodos) aplicáveis a um objeto da classe. Podem modificar todo ou parte do estado de um objeto e devolver valores calculados a partir desse estado.

Noção de herança: A herança é um princípio específico da programação orientada para objectos, que permite a criação de uma nova classe a partir de uma classe existente. O nome "herança" (ou, por vezes, derivação de classe) vem do facto de a classe derivada (a classe recém-criada) conter os atributos e métodos da sua superclasse (a classe da qual é derivada).

A principal vantagem da herança é o facto de podermos definir novos atributos e novos métodos para a classe derivada, para além dos herdados. Desta forma, criamos uma hierarquia de classes cada vez mais especializadas.

Hierarquia de classes: A hierarquia de classes é um conceito essencial para a modelação de dados. Podemos representar a relação de parentesco entre diferentes classes sob a forma de uma hierarquia de classes, por vezes designada por árvore de classes. A hierarquia começa com uma classe geral designada por superclasse (classe de base, classe-mãe, classe ancestral, classe-mãe ou classe-pai). As classes derivadas (classe filha ou subclasse) tornam-se então cada vez mais especializadas;

Herança múltipla: Esta técnica permite que uma classe seja herdada de duas superclasses. Desta forma, os atributos e métodos de várias classes podem ser agrupados numa única classe.

3.3- Objectivos e método

O objetivo é desenvolver um modelo físico 1D multi-domínio, considerando uma abordagem de modelização que englobe as diferentes disciplinas da mecânica, hidráulica, hidromecânica, eletricidade, etc. e os seguintes aspectos: modelização paramétrica, reutilização e interoperabilidade dos modelos. Para o efeito, é adoptada uma abordagem de modelização orientada para os componentes.

A modelização física dos sistemas de travagem acima estudados permitirá criar um modelo físico virtual 1D a partir do sistema real, que será validado pela simulação do comportamento multifísico dos subsistemas e dos sistemas completos nas condições de um ensaio funcional.

Adoptamos uma modelação fragmentada dos componentes utilizando um ambiente de modelação orientado para os componentes. Além disso, criamos e desenvolvemos os nossos próprios modelos em C que podem ser integrados no ambiente (sem componentes aeronáuticos pré-modelados). Cada modelo incorpora a estrutura de dados e o comportamento do componente correspondente.

Neste contexto, optámos por trabalhar com software de alto desempenho capaz de oferecer uma modelização unidimensional multi-domínio que tenha simultaneamente em conta os diferentes fenómenos físicos envolvidos no comportamento do sistema.

Optámos pela ferramenta Simscape / Simulink, especializada em mecânica e hidráulica. Por outro lado, optámos pela ferramenta AMESim, que trata de forma versátil a maioria das disciplinas da física, nomeadamente a mecânica, a hidráulica, a eletricidade, a eletrónica, a térmica e a pneumática.

Numa primeira fase, desenvolvemos o modelo 1D completo do distribuidor utilizando o AMESim como componente essencial do sistema hidromecânico para o validar, e produzimos também modelos 1D utilizando a mesma linguagem dos subsistemas complementares de todo o sistema: geração hidráulica, pedal e bloco de travão. Numa segunda fase, estamos a desenvolver o modelo 1D completo do sistema de travagem hidromecânico equipado com uma roda de avião utilizando Simscape / Simulink / Matalb para simular a força de atrito gerada pelo sistema na roda.

Com o mesmo objetivo de analisar o comportamento do segundo sistema electro-hidráulico, estamos a formar modelos 1D no AMESim dos circuitos que compõem este sistema. A interligação dos modelos físicos 1D dos sub-sistemas permitirá produzir um modelo físico 1D para a simulação e análise dos sistemas de travagem das aeronaves.

3.3.1- Etapas de modelação no AMEsim

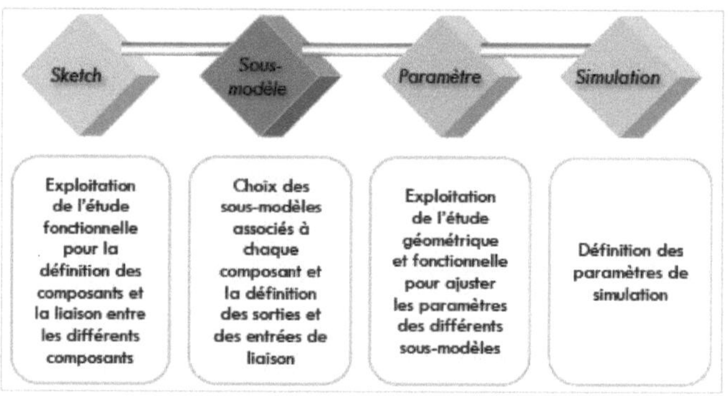

Existem quatro fases na modelação de um sistema:
Utilização do estudo funcional para definir os componentes e as ligações entre os diferentes componentes
Definição dos parâmetros de simulação
Utilização do estudo geométrico e funcional para ajustar os parâmetros dos diferentes submodelos
Escolha dos submodelos associados a cada componente e definição das entradas e saídas da ligação

Figura 40: *Etapas da modelação física no AMEsim*

Modo Sketch: os componentes da biblioteca são implementados, em vez de desenvolvidos, após um estudo funcional detalhado do sistema. Desta forma, definimos os vários componentes selecionados para representar os componentes e equipamentos do sistema;

Modo sub-modelo: durante o qual escolhemos o sub-modelo físico associado a cada componente;

Modo de parâmetros: durante o qual concebemos os parâmetros para os diferentes submodelos;

Modo de simulação: quando executamos a simulação e geramos as curvas resultantes para os parâmetros em estudo. (Figura 40).

3.3.2- *Etapas de modëlização no Simscape*

Da mesma forma, construímos um modelo no Simscape à maneira do software "What You See It's What You Get: WYSIWYG", ou seja, o modelo é como uma representação esquemática do sistema que queremos simular. Por exemplo, (Figura 54) mostra um modelo de um circuito "Resistência - Capacitância: RC" com um gerador e um sensor de tensão. Também podemos ver o bloco *Solver Configuration*, que é necessário para simular modelos do Simscape.

O Simscape apresenta-se sob a forma de um conjunto de bibliotecas constituídas por blocos de "física" multi-domínio e funções especiais. Os blocos Simulink fornecem as operações matemáticas básicas e os blocos Simscape contêm submodelos dos componentes físicos básicos de acordo com a disciplina física. Cada submodelo em cada bloco tem uma estrutura e um comportamento internos e pode comunicar com os seus pares utilizando a representação dos seus componentes e das suas relações. As principais bibliotecas da Toolbox são :

Biblioteca Foundation: Esta é a biblioteca básica do SIMSCAPE. É a única cujo código fonte permanece aberto. Está dividida em sub-bibliotecas, uma para cada domínio físico: bibliotecas de componentes "Eléctricos", "Hidráulicos", "Mecânicos" e "Térmicos";

SimDriveline : Esta biblioteca é especializada na modelação de sistemas de transmissão de potência mecânica;

SimElectronics: Esta biblioteca é especializada na modelação e simulação de sistemas electrónicos. Contém semi-condutores, circuitos lógicos, circuitos integrados, sensores, etc. Esta biblioteca oferece também componentes compatíveis com o simulador SPICE;

SimMechanics: Esta biblioteca é especializada na modelação e simulação de sistemas mecânicos. Com esta biblioteca, é possível simular a cinemática de sistemas, tendo em conta a inércia dos corpos e as restrições impostas pelas ligações mecânicas;

SimPowerSystem: Esta biblioteca não faz parte do Simscape, mas funciona segundo o mesmo princípio. É especializada na modelação e simulação de sistemas electrónicos de potência (transformadores, máquinas eléctricas, redes eléctricas, etc.). Esta biblioteca não é desenvolvida pela Mathworks, mas pela Hydro-Quebec, uma empresa especializada na produção e transmissão de energia eléctrica.

Em cada uma das bibliotecas, e para cada domínio, existem fontes e sensores. Por exemplo, na biblioteca Foundation / Electrical encontramos geradores de tensão e corrente e sensores de corrente e tensão. Para além destas bibliotecas, o Simscape fornece um solver e blocos para obter e processar dados de Sinais

Físicos, que formam a interface entre os sensores e geradores do SIMSCAPE e os sinais do SIMULINK (na biblioteca Utilities da Figura 41). No entanto, as bibliotecas Toolbox / Simscape / Simulink não podem conter todos os modelos de componentes. Daí a necessidade de desenvolver os modelos em falta. Uma vez modelados e interligados os sub-modelos dos componentes do sistema, a tecnologia Simscape constrói e gera automaticamente as equações que caracterizam o comportamento de cada sub-sistema e integra-as com os restantes sub-sistemas, de modo a estabelecer o modelo físico 1D do sistema completo.

Figura 41. *MATLAB 2011 - Caixa de ferramentas Simscape 3.5 e Caixa de ferramentas SimPowerSystem 5.4*

4- Modelação de um sistema aeronáutico de domínio duplo

4.1- Subsistema de travagem hidromecânico

O sistema de travagem de um avião de combate é assegurado pelo funcionamento da fricção hidromecânica de travagem aplicada às rodas principais. Este atrito ocorre depois de a pressão hidráulica ter sido libertada nos pistões do bloco de travão das rodas. A reprodução e a regulação da pressão de travagem são apoiadas pelo complexo distribuidor hidromecânico do travão. Este componente hidromecânico
converte o controlo mecânico do pedal em pressão de travagem hidráulica no conjunto do travão de roda.

4.1.1- Modelo de distribuidor 1D

O objetivo é implementar um modelo numérico do distribuidor utilizando o AMESim, que é um ambiente de simulação dinâmica para sistemas de engenharia em vários domínios mecânicos, eléctricos, hidráulicos e térmicos, bem como redes físicas multi-domínio. De facto, os modelos de componentes destes diferentes domínios e as suas combinações podem ser harmoniosamente combinados nesta interface.

O estudo de um sistema multidisciplinar deste tipo exige a identificação das caraterísticas de funcionamento de cada componente e centra-se na descoberta do princípio de funcionamento e das propriedades geométricas do sistema de travagem. Este estudo ajuda a desenvolver um modelo físico 1D do sistema na linguagem AMESim, adoptando uma modelação orientada para os componentes. A utilização do estudo funcional e físico, bem como o dimensionamento, permitiram-nos, em primeiro lugar, conceber o modelo geométrico 3D do distribuidor do travão da aeronave ilustrado na (Figura 42).

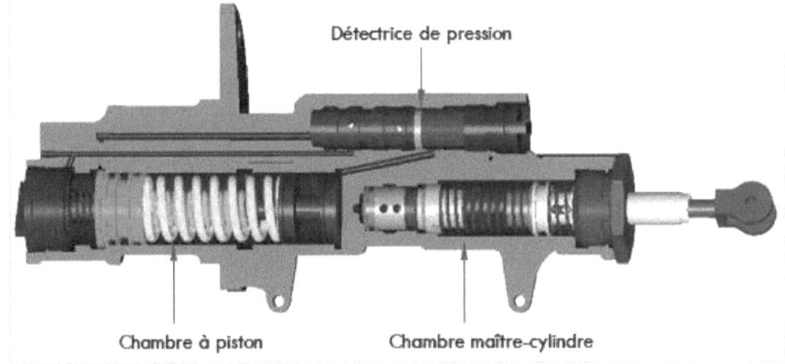

Figura 42. *Modelo geométrico 3D do distribuidor do travão da aeronave*

Existem três câmaras hidromecânicas principais:

câmara de deteção de pressão ;

câmara do cilindro principal ;

câmara do pistão.

Caraterísticas geométricas e físicas do distribuidor :

As propriedades geométricas dos componentes (dimensões dos vários componentes e rigidez da mola do distribuidor) e as propriedades físicas dos componentes do distribuidor (materiais: Duralumínio, módulo de Young: 74000MPa, coeficiente de Poisson: 0,33) são descritas no (Apêndice 1).

Prosseguimos com a criação do modelo físico do distribuidor, adaptando os seguintes pressupostos:

Dados de entrada do sistema: A pressão fornecida pelo sistema de geração hidráulica é constante a cerca de 83 bar e é fornecida diretamente ao distribuidor através do orifício de entrada de pressão;

a complexidade dos componentes e do funcionamento do distribuidor leva-nos a fazer uma série de suposições e simplificações sobre o modo de funcionamento e alguns dos componentes do modelo;

consideração do modo de funcionamento normal (pressão de geração hidráulica regulada) ;

fluido hidráulico: fluido específico utilizado na aeronáutica.

Mostramos as etapas envolvidas na modelação de uma câmara de distribuição no ambiente AMEsim, com referência aos resultados do estudo funcional, conforme descrito acima.

Modelação da câmara do cilindro principal

Primeiro passo: *Modo de esboço*

Nesta primeira fase, utilizamos o estudo detalhado dos aspectos dimensionais e funcionais dos componentes do cilindro mestre para selecionar os componentes da biblioteca correspondentes e implementá-los em modo de esboço.

Para distinguir as diferentes áreas físicas envolvidas no funcionamento do nosso dispensador multidisciplinar, os componentes são codificados por cores: mecânica "verde", fluido "azul", super-elementos hidráulicos "vermelho escuro" e sinais, controlos e observadores "vermelho" (Figura 43).

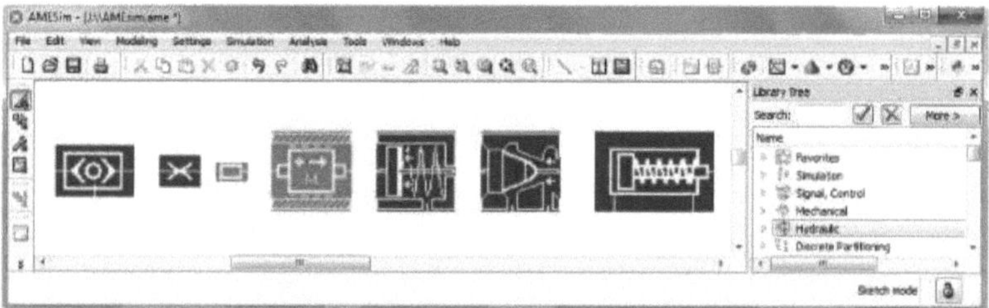

Figura 43: *Implementação dos componentes da câmara do cilindro principal*

Segunda fase: *Modo de submodelo*

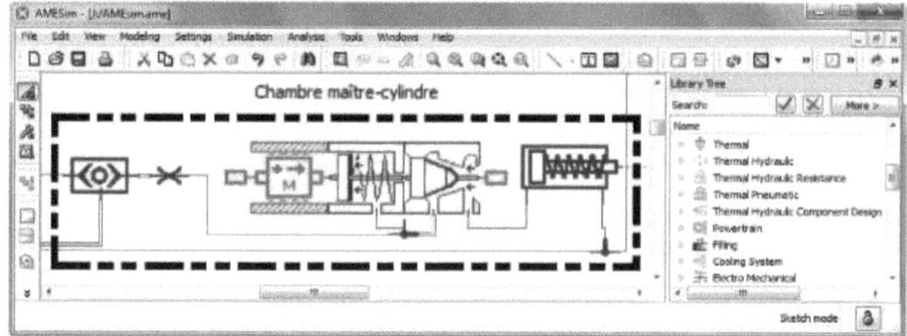

Figura 44. *Ligações de troca entre os componentes da câmara do cilindro principal*

Na segunda fase, os componentes que constituem a câmara do cilindro principal são ligados por linhas hidráulicas de troca de fluxo ou de transferência de força para formar um único subconjunto (Figura 44).

Terceiro passo: *Modo de parâmetros*

Na janela Parâmetros, definimos os parâmetros para cada componente do submodelo, ajustando os parâmetros geométricos: comprimento, espessura, diâmetro, etc. e os parâmetros numéricos: rigidez, deslocamento inicial, etc. (Figura 45).

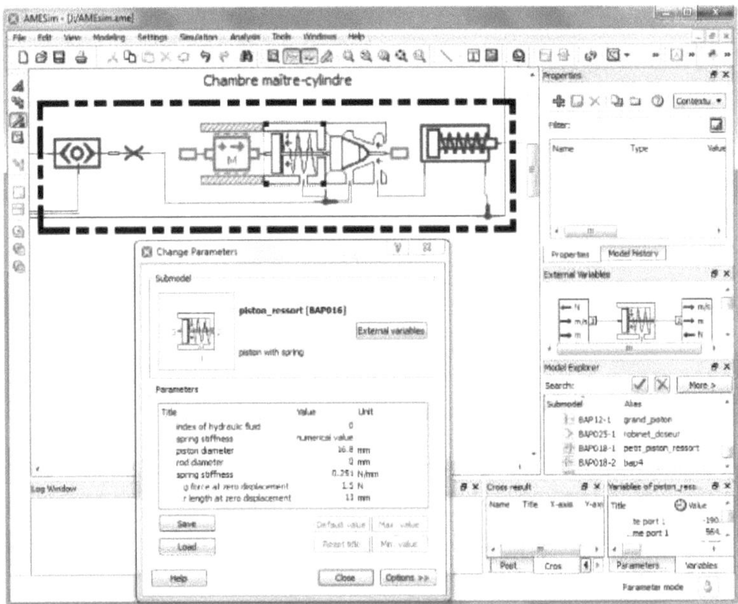

Figura 45. *Regulação dos componentes da câmara do cilindro principal*

Obtém-se assim o modelo físico 1D no AMEsim ilustrado na (Figura 46) :

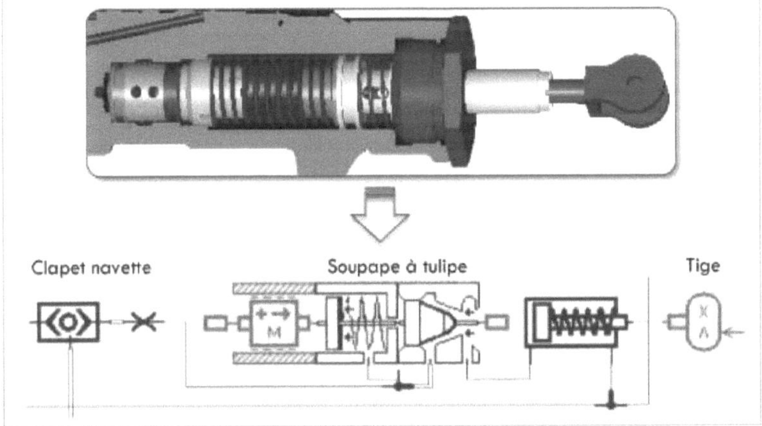

Figura 46. *Modelo AMEsim da câmara do cilindro principal*

Modelação da câmara do pistão

Da mesma forma que a câmara do cilindro principal, estamos a desenvolver o modelo físico 1D da câmara do pistão (Figura 47):

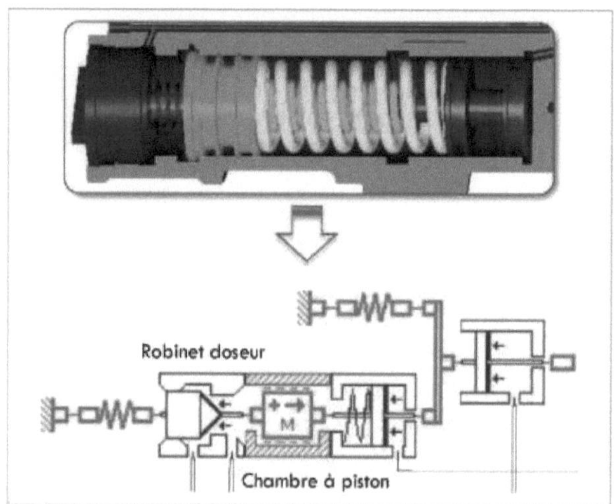

Figura 47. *Modelo AMEsim da câmara do pistão*

Interligando as câmaras que compõem o distribuidor, podemos obter o modelo AMEsim do distribuidor do travão da aeronave (Figura 48):

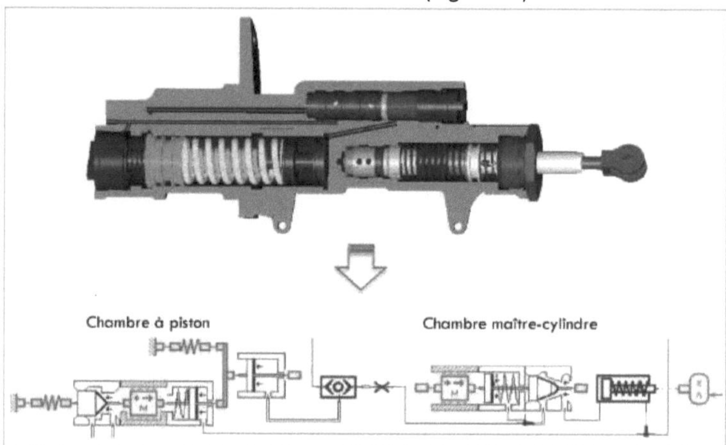

Figura 48. *Modelo AMEsim do distribuidor do travão*

4.1.2- *Modelo 1D dos subsistemas de travagem*

Com base no estudo das arquitecturas funcional e geométrica, definimos as propriedades físicas e dimensionais dos subsistemas de travagem: geração hidráulica da aeronave, pedal da aeronave, bloco de travão. Em seguida, desenvolvemos os modelos físicos 1D, utilizando o AMESim, destes subsistemas complementares do sistema de travagem da aeronave, adaptando as seguintes hipóteses:

sistema de geração hidráulica: gera uma pressão constante de 83 bar;

modelação das entradas do sistema de geração hidráulica e do pedal piloto através de sinais ;

modelar a unidade de travagem por meio de um êmbolo para receber a pressão hidráulica de travagem gerada pelo distribuidor;

o sistema é controlado pela força exercida no pedal;

fluido hidráulico: fluido específico utilizado na aeronáutica.

Modelação do pedal da aeronave

Modelamos o pedal utilizando a biblioteca *Vehicle dynamics* e controlamos a ação de travagem utilizando um sinal de entrada e um conversor sinal-força que representa a força de travagem aplicada pelo pé do condutor (Figura 49):

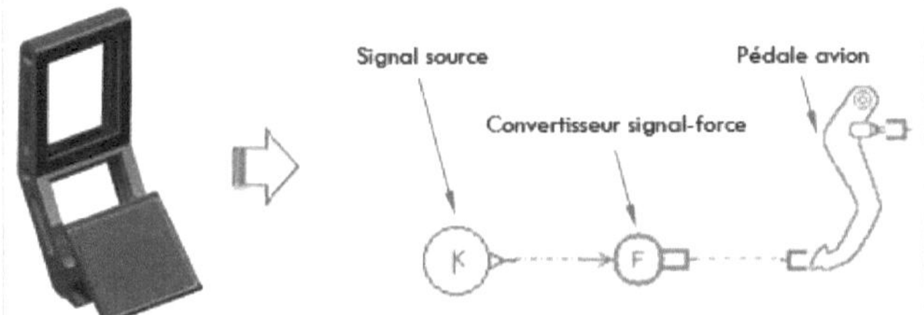

Figura 49: *Modelo AMEsim do pedal e do controlo dos travões*

Modelação do calço do travão

A pressão de travagem desenvolvida pelo distribuidor em resposta ao comando de travagem é convertida pelos pistões do bloco de travões, que geram fricção de travagem entre os discos do rotor e do estator:

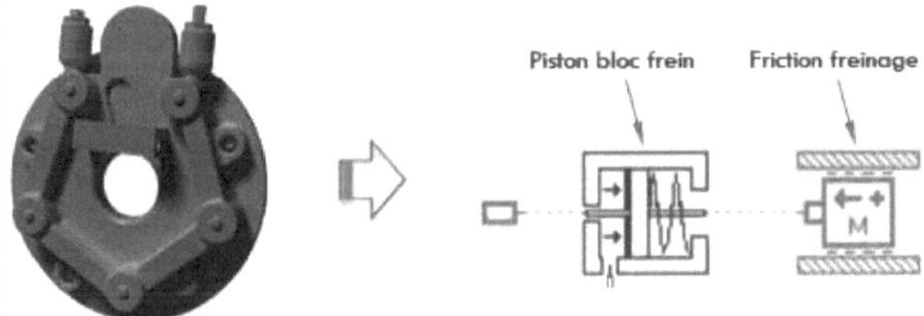

Figura 50: *Modelo AMEsim de um pistão do calço do travão e do atrito de travagem*

Modelação de tanques e de fluidos hidráulicos

O estudo das caraterísticas do fluido hidráulico utilizado na aeronáutica permitiu definir os parâmetros a inserir na ficha técnica do fluido (Figura 51):

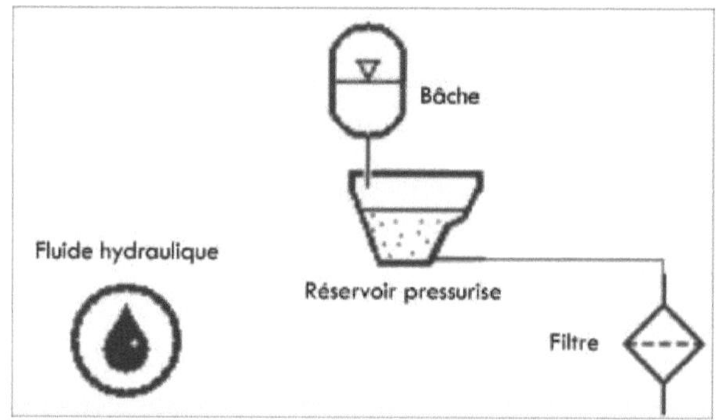

Figura 51. *Modelo AMEsim do reservatório hidráulico e do fluido*

Modelação do sistema hidráulico de produção

A pressão do sistema de geração hidráulica é modelada para simular a pressão constantemente fornecida Ph = 83bars. O modelo AMESim do sistema de geração hidráulica da aeronave é mostrado na (Figura 52):

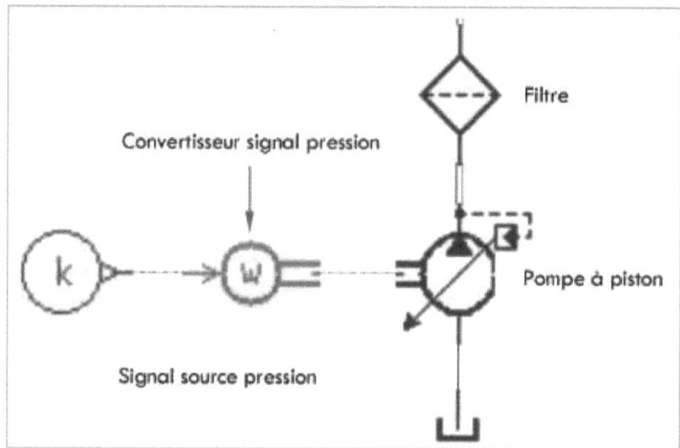

Figura 52. *Modelo AMEsim do sistema de geração hidráulica*

4.2- Sistema de travagem hidromecânico

4.2.1 - Modelo do sistema AMESim

A interconexão dos modelos dos subsistemas resulta no modelo 1D do sistema

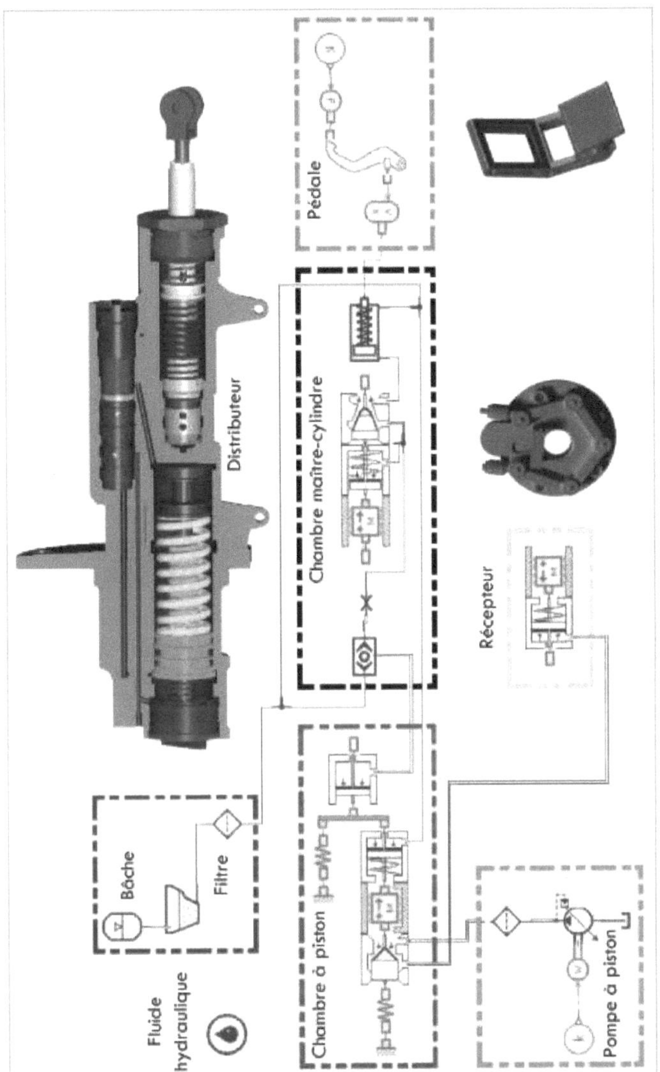

Figura 53. *Modelo AMEsim do sistema de travagem hidromecânico*

Para completar o nosso sistema de travagem, desenvolvemos previamente, para além do modelo do distribuidor do travão, modelos físicos 1D do reservatório hidráulico e do fluido, do pedal da aeronave e do controlo do travão, do sistema de geração hidráulica e do bloco do travão. A causalidade é obtida ligando as entradas de um modelo à saída de outro, respeitando o princípio de funcionamento do sistema. A ferramenta AMEsim constrói automaticamente as equações que caracterizam o comportamento do sistema. Assim, a interconexão destes modelos dos subsistemas que compõem o sistema de travagem permite o desenvolvimento do modelo 1D completo de todo o sistema hidromecânico de travagem da aeronave.

Foi estabelecido um modelo numérico do sistema de travagem hidromecânico no ambiente AMESim, a fim de criar um dispositivo de análise para aplicações de manutenção e otimização do sistema (figura 53).

4.2.2- *Modelo Simscape do sistema*

Com o objetivo de produzir um modelo físico 1D para simular as forças mecânicas produzidas pelo sistema de travagem no conjunto de rodas da aeronave, estamos a tirar partido das funções mecânicas específicas e de alto desempenho do ambiente Simscape para desenvolver este modelo. Para o efeito, utilizamos o estudo funcional e físico e o modelo geométrico 3D para conceber e concretizar os modelos físicos 1D dos subsistemas e do sistema hidromecânico completo de travagem da aeronave.

Na prática, utilizamos componentes das bibliotecas de funções especiais do Simscape e do Simulink, definindo os parâmetros geométricos e físicos de cada componente. Em seguida, procede-se à interligação dos componentes que estão equipados com portas de entrada e saída de energia (pressão hidráulica, esforço físico, energia eléctrica...) para construir o modelo SimscapelD do sistema de travagem hidromecânico completo para simular e analisar os parâmetros do sistema. Começamos por ilustrar um exemplo comum.

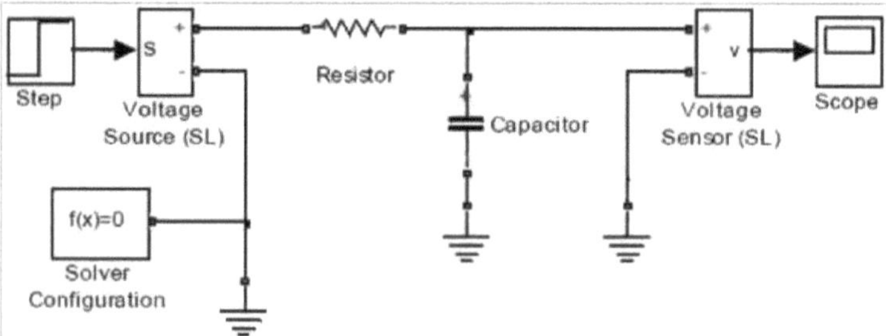

Figura 54. *Modelo Simscape de um circuito RC com gerador e sensor*

Deste modo, a utilização de variáveis *de fluxo* e *de esforço* permite reduzir qualquer sistema físico a um circuito elétrico equivalente. Uma variável de esforço pode ser perdida como um potencial e uma variável de *fluxo* como uma taxa de fluxo.

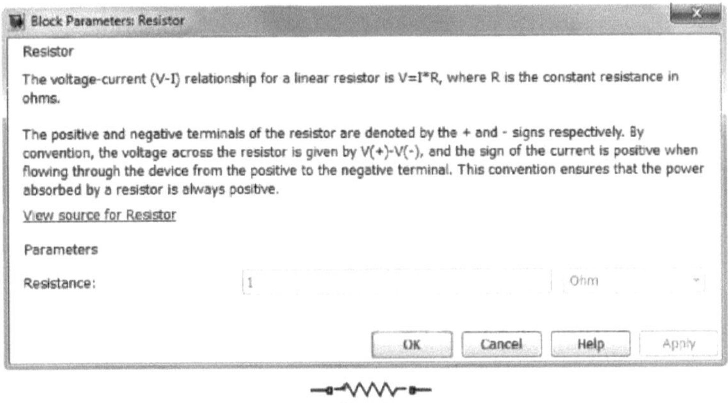

Figura 55. *Bloco e máscara do Simscape Resistor*

Cada bloco do Simscape está associado a um arquivo de texto no formato .ssc que contém o código que determina sua operação. Vejamos o exemplo do código associado ao bloco *de resistores* na biblioteca de *fundações / elétrica* (Figura 56).

```
component resistor < foundation.electrical.branch
% Resistor
% The voltage-current (V-I) relationship for a linear resistor is V=I*R,
% where R is the constant resistance in ohms.
%
% The positive and negative terminals of the resistor are denoted by the
% + and - signs respectively. By convention, the voltage across the
% resistor is given by V(+)-V(-), and the sign of the current is positive
% when flowing through the device from the positive to the negative
% terminal. This convention ensures that the power absorbed by a resistor
% is always positive.

% 2011 The MathWorks, Inc.

  parameters
    R = { 1, 'Ohm' };    % Resistance
  end

  function setup
    if R <= 0
        pm_error('simscape:GreaterThanZero','Resistance')
    end
  end

  equations
    v == R*i;
  end
end
```

Figura 56. *Código fonte do bloco de resistências*

No Simscape, uma variável *de fluxo* é uma variável *de passagem* e uma variável de *esforço* é uma variável *de cruzamento*.

A simulação do modelo na mesma plataforma Simscape permite-nos observar e analisar os diferentes parâmetros físicos do sistema que está a ser modelado. Finalmente, com o Simscape, podemos conceber sistemas de controlo para visualizar as interações de diferentes componentes físicos num único sistema. Assim, a modelação em Simscape, como uma rede física, tem a vantagem principal de descrever a estrutura multifísica de um sistema multidisciplinar mais do que os aspectos matemáticos subjacentes (Figura 57).

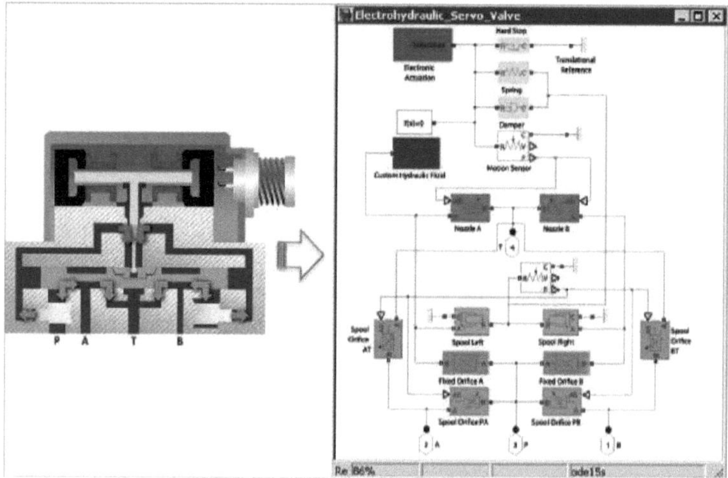

Figura 57. *Exemplo de modelação multifísica no Simscape*

Modelo físico 1D do pedal da aeronave no Simscape

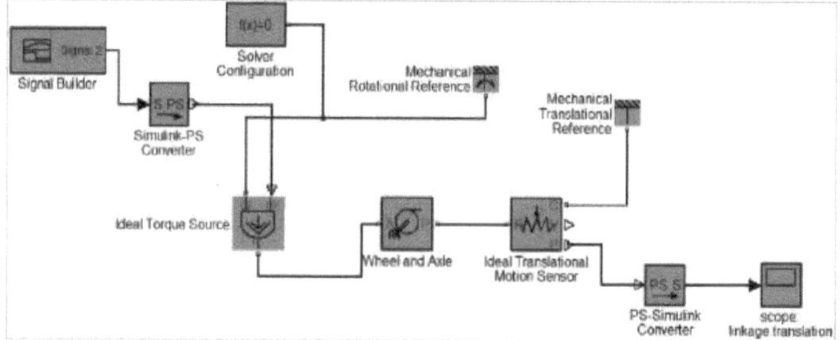

Figura 58. *Modelo Simscape do pedal da aeronave* *.

Legenda da figura 58 :

* Signal Builder: gerador de sinais de entrada para o controlador do travão de pedal ;
* Conversor PS-Simulink: converte um sinal físico num sinal de saída Simulink;
* Configuração do Solver: especificar informações sobre o ambiente para a simulação

Modelo físico 1D Simscape do distribuidor de travões

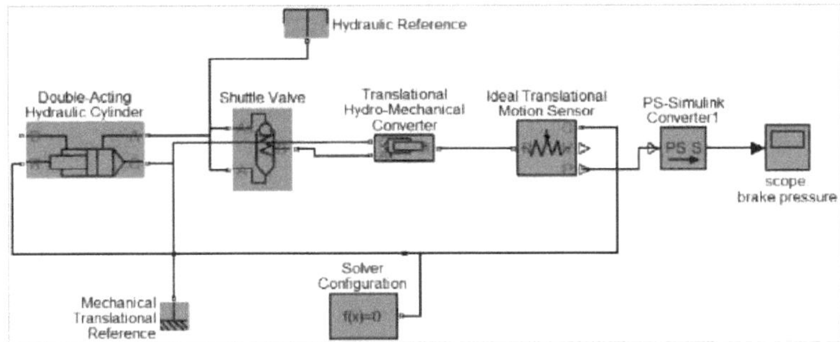

Figura 59. *Modelo Simscape do distribuidor de travões*.*

e fornece parâmetros para o solucionador do modelo;

❖ Fonte de binário ideal: representa a força que actua sobre o pedal;

❖ Roda e eixo: ligação mecânica entre a rotação (pedal) e a rotação (eixo).

movimento de translação (haste) ;

❖ Sensor de movimento translacional ideal ;

❖ Referência mecânica: blocos que representam um ponto de referência para todas as portas mecânicas de translação e rotação;

❖ Âmbito: ecrã de visualização do sinal de simulação.

Legenda da figura 59 :

❖ Cilindro hidráulico de duplo efeito: bloco que representa o modelo de translação hidromecânica, conversor, câmara do pistão;

❖ Válvula de vaivém: bloco que representa uma válvula de vaivém hidráulica;

❖ Conversor Hidromecânico Translacional: um bloco sensor ideal que converte a energia hidráulica em energia mecânica sob a forma de um movimento translacional do elemento de saída do conversor;

❖ Sensor mecânico ideal de movimento translacional: bloco que representa um dispositivo que converte uma variável num sinal de controlo proporcional à velocidade e à posição;

❖ Referência hidráulica: bloco que representa uma ligação à atmosfera. Dispõe de um orifício de conservação hidráulica;

❖ Âmbito: pressão de travagem aplicada ao conjunto do travão da roda da aeronave.

Modelo físico 1D Simscape do sistema de travagem hidromecânico da aeronave

A modelação do sistema de travagem requer a interligação dos sistemas: pedal da aeronave, distribuidor do travão e conjunto da roda (bloco de travão e pneu). Obtém-se então o modelo do sistema de travagem hidromecânico da aeronave (Figura 60).

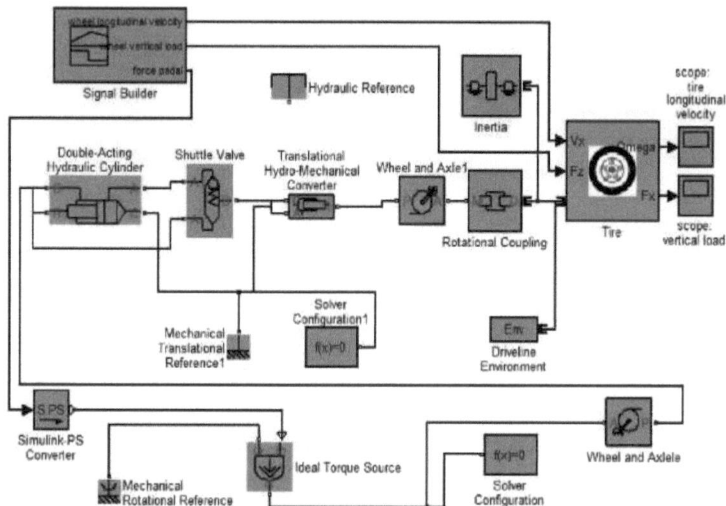

Figura 60: *Modelo Simscape de travagem hidromecânica em aeronaves*

Legenda da figura 60 :

❖ Disparo: bloco de uma roda com caraterísticas específicas de carga nominal vertical. Os sinais de entrada Vx e Fz especificam a velocidade longitudinal da roda (m/s) e a carga vertical (N). Os sinais de saída Omega e Fx especificam a velocidade angular da roda (rad/s) e a força longitudinal (n) ;

❖ Driveline Environment: fornece um ambiente de simulação para um diagrama de transmissão em bloco;

❖ Roda e eixo e acoplamento rotacional: transforma a pressão hidráulica gerada pela válvula do travão em binário aplicado à roda;

❖ Âmbito de aplicação: bloco que indica a velocidade do pneu longitudinal e a força de travagem.

5- Modelação de um sistema aeronáutico multi-domínio

5.1- Subsistemas de travagem electro-hidráulicos

A fim de alargar a aplicação desta abordagem multifísica à modelização orientada para os componentes, acrescentando o componente eletrónico, voltamos à modelização do sistema de travagem electro-hidráulico de uma aeronave [67]. Utilizando o estudo funcional e físico já descrito, procedemos ao desenvolvimento de modelos físicos 1D dos subsistemas de excitação, antiderrapagem e circuito de potência e, portanto, do sistema de travagem electro-hidráulico completo da aeronave.

Modelo físico 1D do circuito de excitação no AMEsim

O diagrama seguinte mostra o modelo físico 1D do circuito de excitação do sistema de travagem electro-hidráulico de uma aeronave no AMESim (Figura 61).

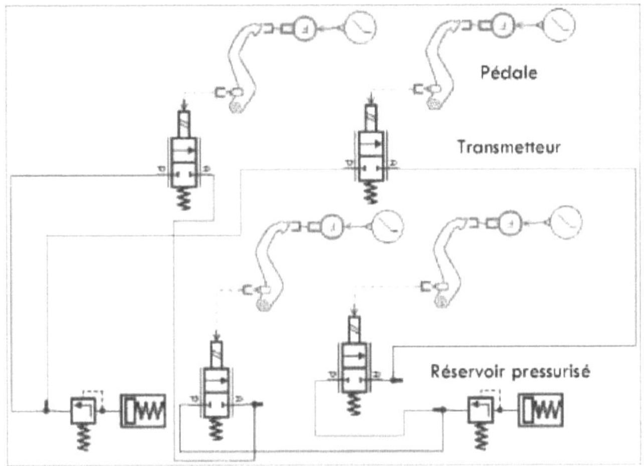

Figura 61. *Modelo AMESim do circuito de excitação*

O circuito de excitação mostrado na figura é composto por :

os quatro pedais, dois em cada cabina de pilotagem; os sinais de entrada representam os esforços do piloto sobre os pedais;

conversores de força mecânica ;

transmissores ligados aos pedais que fornecem uma pressão proporcional ao esforço do piloto;

dois reservatórios pressurizados com uma mola e duas válvulas de descompressão.

Modelo físico 1D do circuito de controlo da tração no AMEsim

No sistema de controlo da tração, a unidade de controlo é a pedra angular da cadeia que recebe informações dos sensores de velocidade e fornece instruções às electroválvulas associadas a cada bloco de travão (figura 62) e (figura 63).

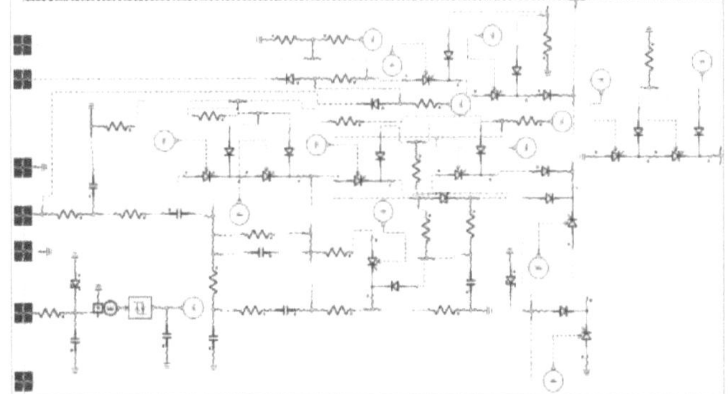

Figura 62. *Modelo AMESim da unidade de controlo da tração*

89

A unidade de comando controla a travagem das duas rodas. O circuito de controlo compreende, para cada roda :

um gerador de filtros baseado em componentes electrónicos ;

diferenciador (sinal de biblioteca) ;

um acionador representado pelo conjunto de amplificadores operacional ;

uma memória de descarga variável modelada num condensador.

um estágio de saída modelado pela junção de

Darlington ;

fonte de alimentação modelada numa tensão estabilizada de +15V.

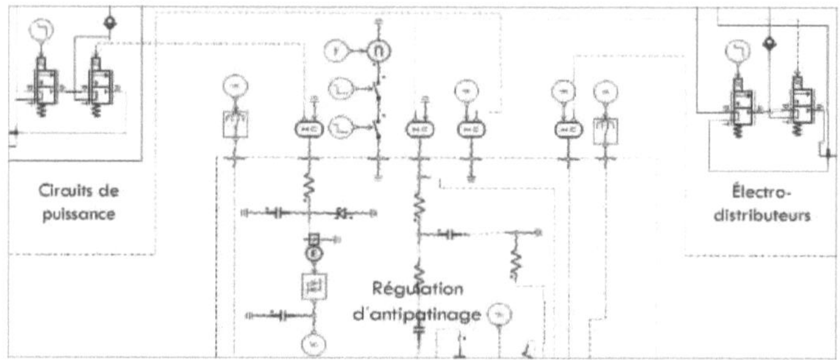

Figura 63. *Modelo AMESim dos circuitos de controlo da potência e da tração*

5.2- Sistema de travagem electro-hidráulico

A modelação multifísica dos subsistemas de travagem exigiu a ligação de componentes hidráulicos, mecânicos, eléctricos e electrónicos. Para desenvolver o modelo físico 1D de todo o sistema de travagem, interligamos os modelos destes subsistemas: circuito de excitação, circuito de potência, sistema antiderrapante com unidade de controlo, circuito de emergência e bloco de travagem. Em seguida, constrói-se o modelo do sistema de travagem electro-hidráulico da aeronave (Figura 64):

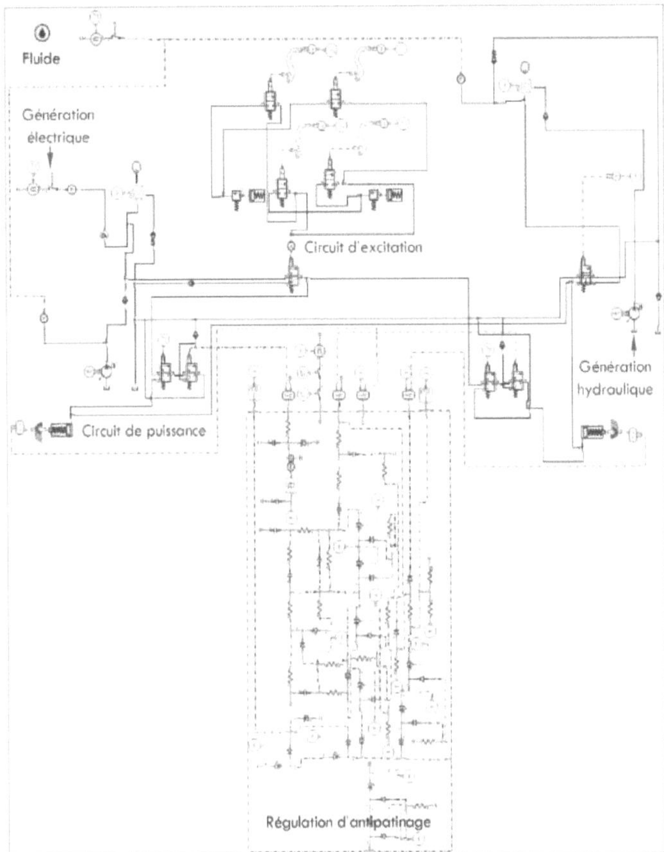

Figura 64. *Modelo AMESim do sistema de travagem electro-hidráulico da aeronave* 68]

6- Conclusão

Foi apresentada uma revisão do estado da arte, centrada em abordagens e ferramentas para a conceção e modelação de sistemas multifísicos. Uma avaliação destas abordagens permitiu-nos identificar os pontos fortes e as limitações de cada uma delas. Neste capítulo, foi proposta uma abordagem multivalente para a modelação física 1D de sistemas multi-domínio. Esta abordagem é concebida utilizando um processo verdadeiramente modular, adoptando uma modelação orientada para os componentes cujas ferramentas são compatíveis com a linguagem orientada para os objectos.

Apresentámos duas ferramentas principais dedicadas a esta abordagem para o desenvolvimento de modelos físicos 1D: AMEsim e Simscape / simulink. Esta abordagem multifísica foi aplicada aos dois sistemas multidisciplinares de travagem de aeronaves através do desenvolvimento de modelos físicos 1D dos seus subsistemas. Isto permitiu-nos resolver parcialmente o nosso problema relativo ao desenvolvimento de modelos físicos 1D de sistemas multifísicos.

Por um lado, a exploração da segunda função de simulação das ferramentas utilizadas permitir-nos-á simular os modelos físicos 1D desenvolvidos com o objetivo de validar estes modelos e comparar o seu comportamento com o princípio de funcionamento dos sistemas em questão. Por outro lado, a fim de melhorar o processo de estudo dos sistemas multifísicos aeronáuticos, proporemos uma co-simulação geométrico-física cooperativa que será utilizada para analisar os parâmetros de funcionamento dos sistemas com vista a otimizar o desempenho da eficiência de resposta do sistema.

CAPÍTULO 5

CO-SIMULAÇÃO FÍSICA - GEOMÉTRICA - ANÁLISE E OPTIMIZAÇÃO -

1- Introdução

O processo de conceção de um sistema multifísico, nomeadamente no domínio da aeronáutica, deve incluir uma análise do comportamento dos diferentes parâmetros dos componentes, dos subsistemas e do sistema no seu conjunto. Esta análise é essencial porque os sistemas aeronáuticos, geralmente considerados críticos, são concebidos tendo em conta a fiabilidade e a segurança operacional ao longo do seu ciclo de vida. Para clarificar as noções de segurança e de fiabilidade de um sistema, são-lhe associados requisitos que caracterizam a sua fiabilidade. Além disso, as taxas de falha dos componentes que constituem um sistema não garantem, em geral, a taxa de falha global do sistema. Por conseguinte, o mecanismo de redundância dos componentes de um sistema é frequentemente utilizado para reduzir a sua taxa de falha global. Este mecanismo consiste em utilizar vários componentes de hardware idênticos ou de reserva para suportar a mesma função. Finalmente, estes requisitos funcionais caracterizados por uma probabilidade de falha devem ter em conta as taxas de falha associadas a cada um dos componentes e o impacto relativo das falhas nos outros componentes relacionados.

Neste sentido, pretendemos identificar o comportamento dos diferentes componentes físicos e das suas interações através do lançamento de simulações multifísicas dos modelos físicos 1D dos sistemas a estudar nos mesmos ambientes de modelação. Esta simulação permitir-nos-á, em primeiro lugar, validar os modelos desenvolvidos para os sistemas e seus componentes através da análise dos parâmetros físicos funcionais do teste de funcionamento correto imposto pelo fabricante da aeronave.

Tendo em conta as limitações dos processos de modelação e simulação de sistemas multifísicos, propomos uma co-simulação física-geométrica de "simulação cooperativa". Em termos práticos, após o desenvolvimento do modelo 3D do subsistema multifísico de travagem de uma aeronave, que é o objeto desta abordagem, será criado um bloco de interface que ligará os dois modelos geométricos e físicos. A simulação simultânea visa melhorar o processo de estudo de sistemas aeronáuticos multifísicos, tirando partido dos processos de simulação física e geométrica. Neste contexto, os resultados das simulações numéricas destes modelos serão utilizados para otimizar o comportamento do sistema.

2- Para uma simulação 3D multidisciplinar

A nossa abordagem tem origem no processo de conceção baseado na modelização, que consiste em integrar maciçamente a simulação numérica no processo de desenvolvimento. Através de modelos de simulação, podemos automatizar uma parte dos estudos de conceção, efetuar testes de funcionalidade e verificar e analisar o comportamento de um sistema sob a forma de um protótipo virtual antes de passar ao fabrico de um protótipo físico. Assim, os ciclos de iteração do processo de conceção, que já descrevemos, podem surgir muito cedo no processo de desenvolvimento. Desta forma, o sistema atinge um nível de maturidade de desenvolvimento muito mais elevado quando se trata de passar à implementação física. Em suma, uma abordagem baseada na modelação e na simulação tem um grande potencial para reduzir os custos e os tempos de desenvolvimento e melhorar a qualidade da conceção. Por este motivo, a modelação é atualmente reconhecida como parte integrante do processo de desenvolvimento [69].

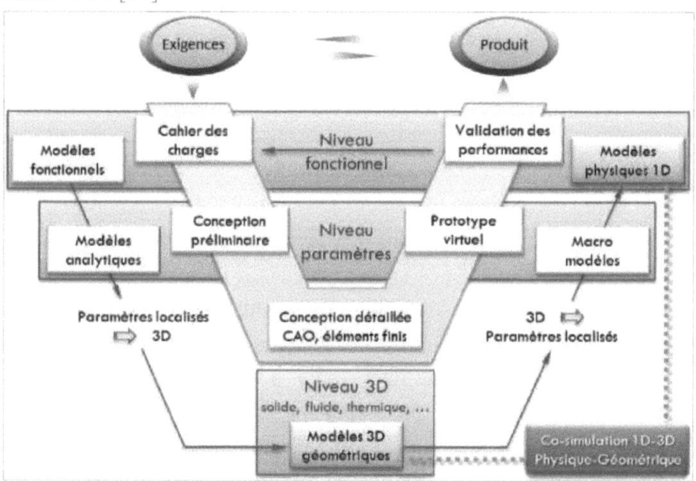

Figura 65. *Modelos 1D e 3D no ciclo de conceção em V*

Durante o processo de desenvolvimento, são utilizados diferentes tipos de modelos de simulação (Figura 65). Na fase descendente do processo V, o sistema é progressivamente definido e o nível de pormenor dos modelos aumenta em conformidade. Durante esta primeira fase, a modelização e a simulação são geralmente utilizadas para verificar a correção das escolhas de conceção. Numa primeira fase, dispomos de uma descrição funcional do sistema a desenvolver e, por conseguinte, de modelos de simulação funcionais (ferramentas de software: Raphsody, SysML Toolkit, etc.). Numa segunda fase, são identificados os conceitos de solução e desenvolvidos os modelos de simulação físicos ou comportamentais correspondentes. Estes modelos analíticos podem ser estáticos ou temporais. Durante a fase de conceção específica, os diferentes componentes dos conceitos de solução são definidos em maior pormenor. É então possível produzir modelos geométricos 3D destes componentes (ferramentas de software: CATIA, Abaqus, Flux3D, etc.). Estes modelos 3D podem ser utilizados para efetuar cálculos locais (elementos finitos) e assim verificar as propriedades dos componentes desenvolvidos. Finalmente, durante a fase de integração do sistema, os vários componentes são montados para formar os conceitos da solução e validar o seu desempenho. Para tal, os modelos de simulação 3D altamente detalhados são transformados em macro-modelos com parâmetros localizados, enquanto os modelos físicos 1D dos sub-sistemas e sistemas requerem procedimentos de simulação menos detalhados.

Normalmente, para o mesmo nível de pormenor, as diferentes formas de modelo estão ligadas a diferentes domínios disciplinares, tais como: mecânica, hidráulica, eletricidade, térmica, etc. Isto levanta o problema da integração dos diferentes tipos de modelo num único ambiente de simulação, a fim de ter em conta as interações entre as diferentes disciplinas técnicas. Este facto levanta o problema da integração dos diferentes tipos de modelos num único ambiente de simulação, de modo a ter em conta as interações entre as diferentes disciplinas técnicas. Daí a necessidade de utilizar interfaces que permitam uma abordagem multidisciplinar da conceção e da simulação. No entanto, a falta de comunicação entre os níveis de abstração, tal como acima salientado, torna o ciclo de conceção dos produtos multifísicos muito oneroso e mais longo. Com efeito, a validação e a análise do desempenho dos modelos físicos ao nível funcional de abstração, independentemente da simulação dos modelos geométricos desenvolvidos ao nível geométrico de abstração, geram perdas consideráveis de material e de tempo. Este método reduz-se à análise de certas partes e aspectos do sistema e não está adaptado à análise do comportamento dinâmico multi-domínio. Consequentemente, favorece o aumento do número de iterações de correção na sequência de uma falha detectada nos ensaios de integração do componente, subsistema ou sistema multifísico.

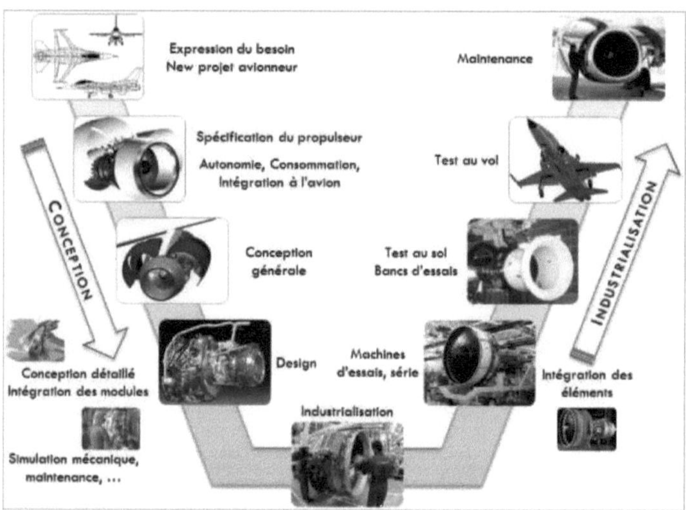

Figura 66. *Ciclo V: Conceção - Industrialização de um reator*

Daí a utilidade de um processo de co-simulação entre os modelos físicos 1D e os modelos geométricos 3D, a fim de fornecer uma análise mais holística que tenha em conta os diferentes fenómenos físicos no comportamento das partes constituintes dos produtos multifísicos (Figuras 65 - 66). Esta co-simulação permitirá efetuar simultaneamente a simulação do modelo físico e a do modelo geométrico. Desta forma, podemos extrair a reação dos parâmetros mecânicos das peças do modelo geométrico ao mesmo tempo que simulamos o funcionamento multifísico de um componente, subsistema ou sistema multidisciplinar.

3- Validação de modelos físicos 1D

A fim de validar os modelos físicos 1D desenvolvidos, a sua simulação e a análise dos resultados serão objeto da presente secção.

3.1- Processo de validação do desempenho

A montagem dos modelos dos diferentes componentes constitui o protótipo virtual do sistema em estudo. Nas primeiras iterações, deve ser feita uma reserva relativamente à validação dos modelos utilizados.

Embora a utilização de elementos de base válidos reduza significativamente o risco de erros, nada garante que os fenómenos conscientemente negligenciados ou ignorados pelos projectistas não perturbem as fases de conceção, conduzindo assim a uma repetição do ciclo de conceção. É a multiplicidade de experiências, cuidadosamente capitalizada com a ajuda de simulações, que garante a convergência da conceção.

Por conseguinte, é essencial validar os modelos desenvolvidos antes de os utilizar para a integração e otimização do sistema.

A simulação em tempo real é definida pelo facto de as trocas de dados (Input/Output) entre o simulador e o seu ambiente, ilustradas na (Figura 67), terem de ocorrer em instantes precisos cronometrados por um período de tempo.

Figura 67. *Simulação em tempo real "hardware in the loop*

A abordagem de modelação orientada para os componentes, baseada no ambiente AMESim, permite simular em tempo real o comportamento das variáveis nos diferentes componentes dos sistemas em estudo.

3.2- Validação do modelo hidromecânico AMESim

3.2.1- - Simulação e análise de parâmetros funcionais

A capacidade de simular os diferentes parâmetros físicos dos componentes que constituem a válvula de travagem permite, após a definição dos parâmetros de simulação, visualizar as curvas de evolução das suas variáveis ao longo do tempo. Esta caraterística permite-nos validar o modelo AMESim do sistema de travagem hidromecânico de uma aeronave (Figura 53), simulando o comportamento de variáveis fundamentais do sistema como a pressão de travagem, o atrito de travagem gerado e a taxa de câmbio. Simulamos então as condições de teste descritas pelo fabricante da aeronave, que relacionam o valor de entrada (força do pedal) com o valor de saída correspondente (pressão de saída da válvula) [70] :

Pressão hidráulica de travagem: A figura 68 mostra que, quando se aplica uma força da ordem de 70 N ao pedal, a válvula demora um tempo de resposta da ordem de 0,2 s para gerar a pressão hidráulica de travagem necessária.

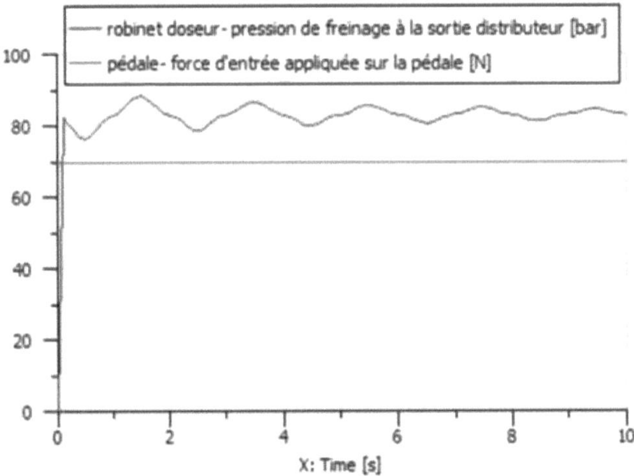

Figura 68. *Evolução da pressão de saída da válvula com um comando de travagem de*

O valor desta pressão oscila, com um período de 2s e uma amplitude progressivamente decrescente, em torno do valor de 83 bar que corresponde à pressão de geração. Este facto é coerente com o princípio de funcionamento [55]. De facto, por um lado, com uma força tão considerável e constante (pedal totalmente pressionado) que leva a um deslocamento da haste da válvula, a pressão gerada pela referida válvula atinge rapidamente o seu máximo de 83 bar (= a pressão total de geração). Por outro lado, a oscilação em torno deste valor com a continuidade constante da mesma força aplicada pode ser explicada pelo vaivém dos pistões receptores do bloco de travão. A este respeito, a deslocação dos pistões para produzir atrito entre os discos gera um volume adicional do qual o fluido hidráulico se escapa, resultando numa ligeira redução da pressão de saída do distribuidor. O retorno dos êmbolos ao seu estado inicial, após ter sido atingido o atrito de travagem desejado, gera uma pressão de retorno adicional. Isto resulta num ligeiro aumento da pressão hidráulica no orifício de saída da válvula.

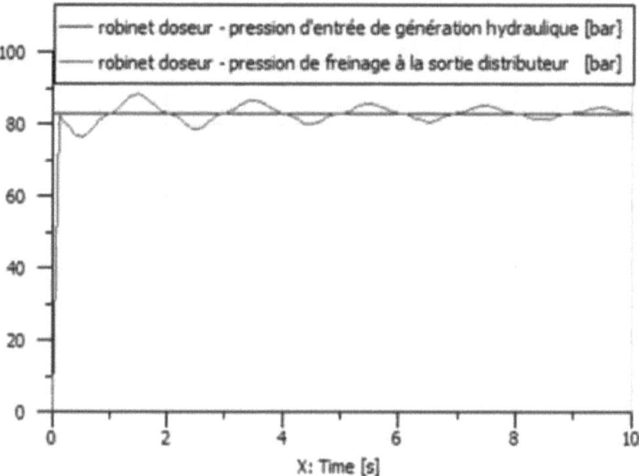

Figura 69. *Alterações da pressão de saída do distribuidor e da pressão de produção*

Finalmente, a redução da amplitude desta oscilação e a convergência da pressão de travagem à saída da válvula para o valor da pressão de geração hidráulica explicam-se pela tendência dos pistões do bloco de travão para assumirem uma posição de equilíbrio entre as suas câmaras, o que minimiza progressivamente o deslocamento destes pistões (figura 69).

Atrito **de travagem**: A força de travagem não é outra coisa senão o atrito gerado à saída do pistão do bloco de travão sobre os discos de travão. A sua evolução no tempo, com o mesmo valor de força aplicada ao pedal (70N), é ilustrada na figura

70.

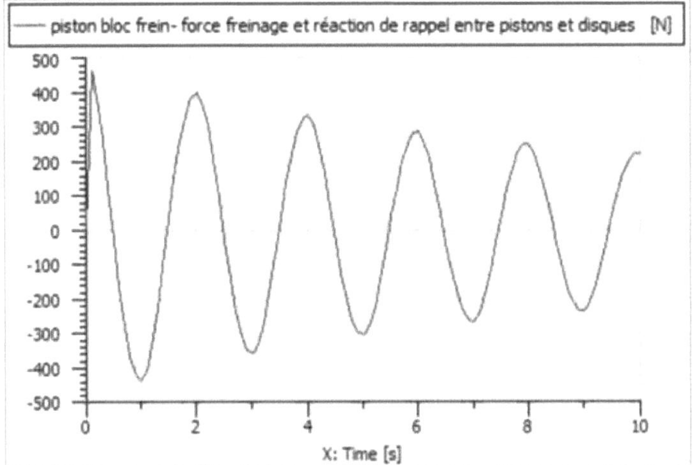

Figura 70. *Variação da força gerada na saída do pistão do calço do travão*

Atinge um pico máximo de cerca de 450N aos 0,2s, após o que diminui gradualmente entre amplitudes positivas e negativas. Esta variação corresponde à ação-reação entre o pistão do bloco de travão e os discos de travão através da mola de retorno.

Funcionalmente, a frequência e a fase da evolução da força estão em absoluta harmonia com as da evolução da pressão de travagem. A análise do funcionamento dos subsistemas e os resultados obtidos acima apoiam a validação dos correspondentes modelos desenvolvidos.

Fluxo hidráulico: A válvula doseadora da válvula do travão, por construção, mantém um equilíbrio de variação na quantidade de fluxo recebido e descarregado. A figura 71 ilustra esta teoria, observando a oposição de fase (mudança de fase de 180°) entre o caudal de entrada e o caudal de saída da válvula doseadora com um período de 2s igual ao da pressão e da força de travagem.

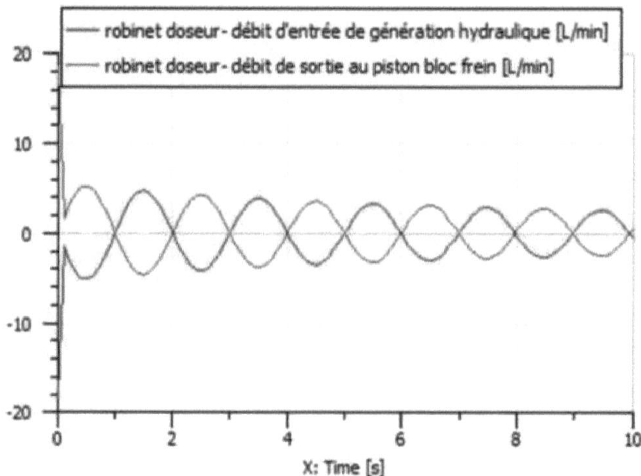

Figura 71. *Variação dos caudais de entrada e de saída da válvula doseadora do distribuidor*

3.2.2- Simulação do ensaio do fabricante da aeronave

Pressupostos do ensaio: O objetivo do ensaio de desempenho do produto do distribuidor é determinar a variação da pressão de saída do distribuidor (pressão de travagem) em função do deslocamento do veio (força de controlo da travagem). Esta curva, extraída do manual de desempenho do sistema do fabricante, é apresentada na Figura 72. Este ensaio recomenda os seguintes pressupostos [55]:

funcionamento normal (câmara de deteção de pressão não utilizada) ;

aumento linear gradual do controlo da travagem ;

pressão de geração hidráulica constante = 83 bar ;

utilização de fluido hidráulico aeronáutico ;

condições ambientais normais.

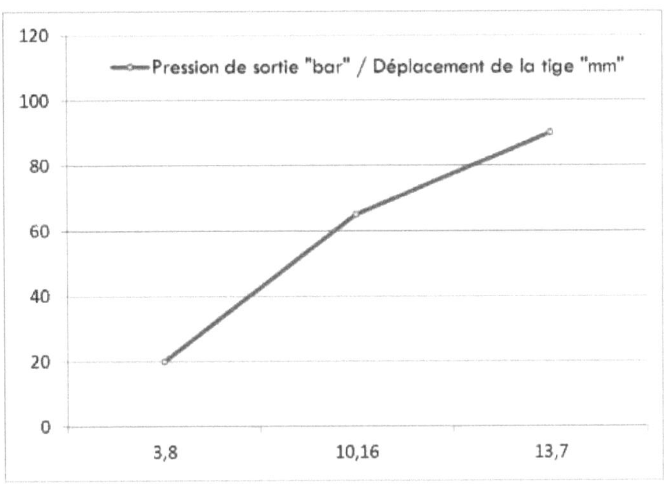

Figure 72. *Essai fournisseur de Pression de sortie distributeur / déplacement de la tige*

Simulação das experiências no modelo físico 1D: Ajustámos os parâmetros de simulação de acordo com os recomendados pelo ensaio de funcionalidade e tendo em conta os dados da hipótese no nosso modelo físico 1D. Assim, realizámos três experiências de simulação com deslocamentos de haste correspondentes aos do ensaio do construtor de aeronaves:

Experiência 1: Deslocamento da haste = 3,8 mm (Figura 73)

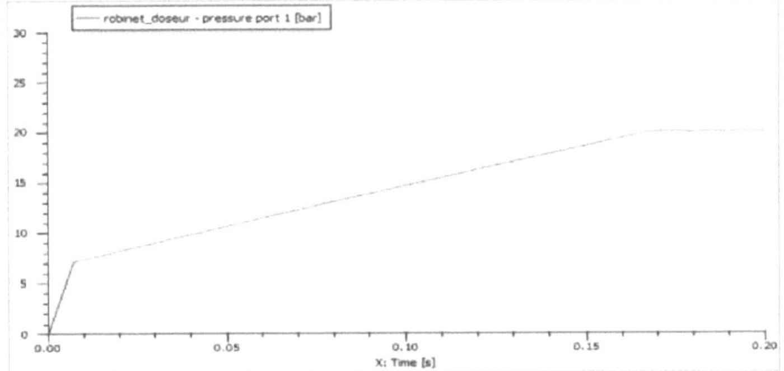

Figura 73. *Pressão de saída do distribuidor com deslocação do fuso = 3,8 mm*

Experiência 2: Deslocamento da haste = 10,16 mm (figura 74)

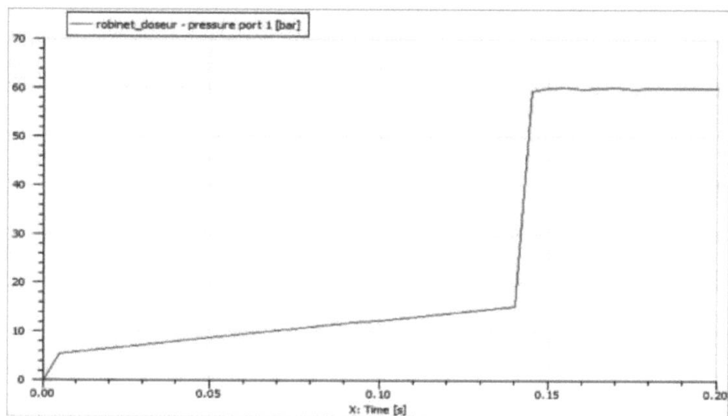

Figure 74. *Pression de sortie du distributeur avec déplacement de la tige = 10.16mm*

Experiência 3: Deslocamento da haste = 13,7 mm (Figura 75)

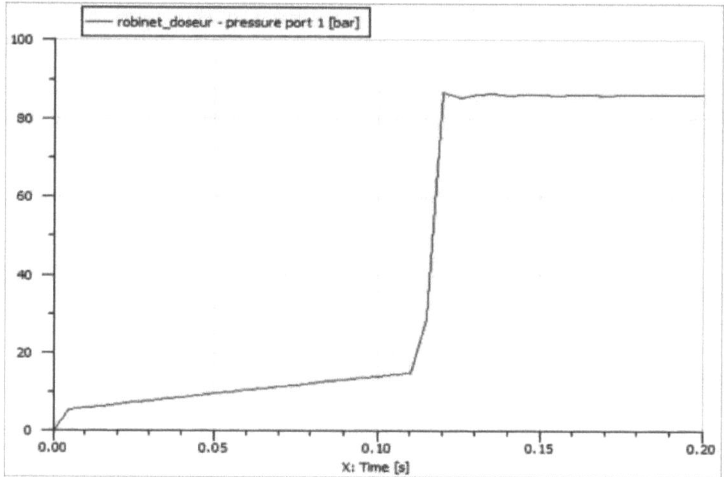

Figura 75. *Pressão de saída da válvula da bobina com deslocação do veio = 13,7 mm*

A partir do exposto, obtém-se a curva resultante da pressão de travagem versus comando de travagem no modelo físico 1D. Esta curva é ilustrada da seguinte forma (Figura 76):

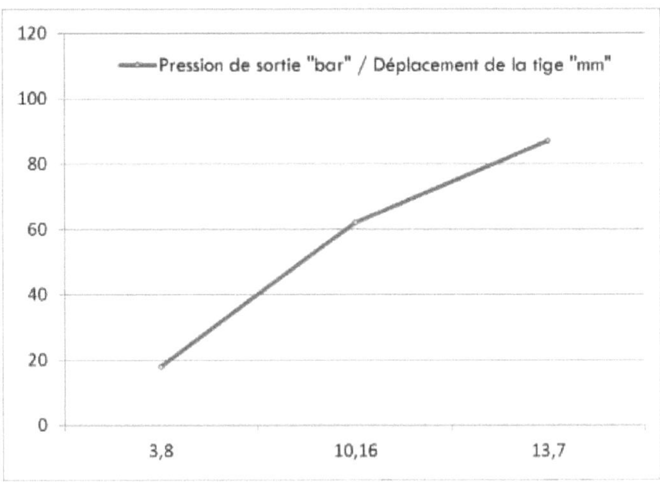

Figura 76. *Evolução da pressão do travão em função do comando do travão*

Análise dos resultados: Estamos a reunir os resultados da e os resultados da simulação do nosso modelo da evolução da pressão de travagem desenvolvida pelo distribuidor na válvula doseadora em função do deslocamento da haste (quadro 2).

	Resultados da simulação			Resultados do fornecedor		
	Pressão Deslocamento da haste (barras)	(mm)	Pressão de saída (barras)	Pressão de entrada (barras)	Deslocação da haste (mm)	Pressão de saída (barras)
Experiência 1	83	3.8	18	83	3.8	20
Experiência 2	83	10.16	62	83	10.16	65
Experiência 3	83	13.7	87	83	13.7	90

Quadro 2. *Comparação entre os resultados exigidos pelo fabricante da aeronave e os resultados da simulação*

A partir da Figura 77, podemos elaborar os gráficos de comparação entre os resultados do ensaio exigido pelo fabricante da aeronave e as nossas experiências no modelo físico:

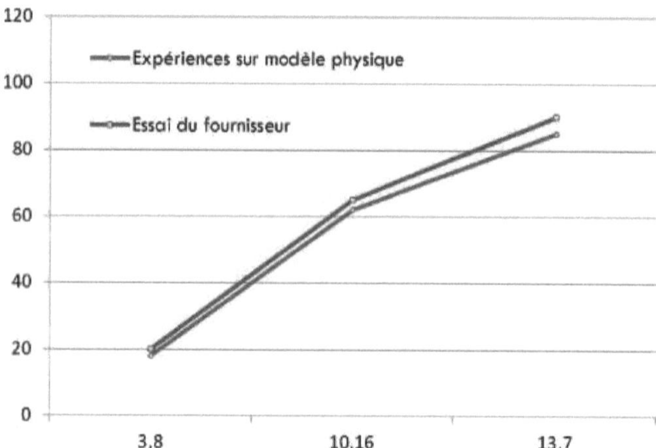

Figura 77. *Ábaco para o ensaio da aeronave e resultados das experiências com o modelo 1D*

Existe uma ligeira diferença entre os resultados dos ensaios do fornecedor e os resultados experimentais obtidos no modelo físico:

condições ambientais e pressupostos tidos em conta ;

simulação virtual da rigidez das molas ;

simplificações nalguns dos componentes do distribuidor;

perdas de pressão na tubagem e no interior do distribuidor, que negligenciámos;

pulsações elevadas na descarga, que aumentam a pressão: necessidade de dispositivos anti-derrame;

o ambiente de ensaio do fabricante da aeronave.

É de salientar que a análise funcional dos resultados da simulação para parâmetros-chave como a pressão de travagem, o atrito de travagem e o fluxo hidráulico revela que os modelos desenvolvidos satisfazem os critérios do princípio de funcionamento do sistema. Além disso, comparando os requisitos de desempenho do ensaio com os resultados das simulações correspondentes do modelo físico 1D, foi possível confirmar que os nossos modelos físicos são válidos e constituem um verdadeiro protótipo virtual para a análise do sistema.

3.2.3- *Simulação e análise das forças de travagem*

Simulamos o modelo Simscape do sistema de travagem hidromecânico de uma aeronave, tirando partido do desempenho da ferramenta no domínio mecânico para visualizar as forças produzidas pelo sistema na roda da aeronave. A biblioteca de simulação da ferramenta permite a criação de grupos intercambiáveis de fontes de sinais lineares e não lineares, que podem ser utilizados na simulação do modelo. A este respeito, o bloco *de construção de* sinais pode produzir uma de várias formas de sinal: sinusoidal, quadrada, dente de serra e aleatória.

Pressupostos e valores de entrada: Para o nosso modelo, escolhemos sinais de entrada correspondentes aos parâmetros de entrada do sistema. Injectamos dois sinais com valores constantes para os parâmetros de carga vertical e velocidade longitudinal da roda do avião, e um sinal linear ($y = a\,x$) que representa a aplicação progressiva de força no pedal.

Análise dos resultados: Os parâmetros a observar são os relacionados com o efeito de travagem na roda da aeronave, ou seja, a força de travagem exercida sobre a roda. Os outros blocos são simulados utilizando os valores por defeito dos parâmetros. Os resultados da simulação são apresentados na figura 78.

Observa-se a ação do calço de travão sobre a roda e também a reação da mola de retorno da placa de retenção, logo após a fricção, sobre os discos do calço de travão. Esta ação-reação diminui ao longo do tempo para se estabilizar no estado de equilíbrio inicial antes da repetição do ciclo. A razão de ser deste espaçamento de travagem é evitar uma travagem excessiva e o aquecimento do calço do travão, que poderia provocar o rebentamento do pneu.

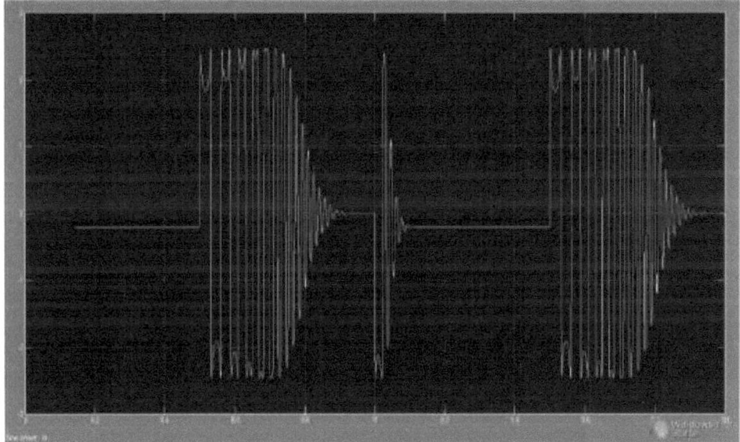

Figura 78. *Sinal de saída para a força de travagem exercida na roda da aeronave*

3.3- Validação de modelos electro-hidráulicos 1D
3.3.1- Recomendações funcionais do fabricante da aeronave

Pressupostos do ensaio: Para o ensaio deste sistema de travagem, partimos do princípio de que a pressão da geração hidráulica está assegurada, o que significa que o sistema está a funcionar normalmente [43].

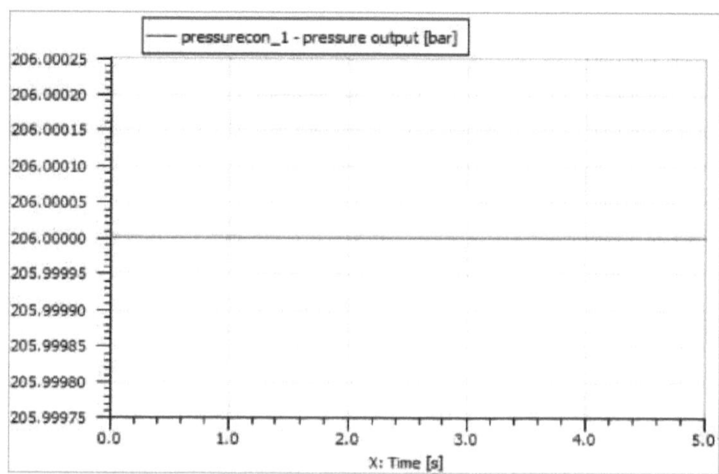
Figura 79. *Pressão da geração hidráulica*

Temos dois parâmetros de entrada:

Pressão da geração hidráulica: é constante, em torno de
206±2bars (Figura 79) ;

A força aplicada ao pedal: aumenta progressivamente ao longo de uma linha reta em função do tempo até atingir a posição "pedal ao chão" (Figura 80).

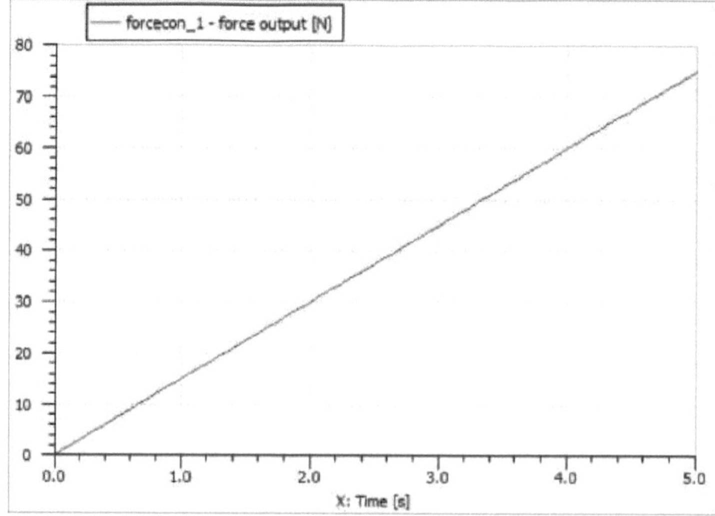
Figura 80. *Evolução da força aplicada ao pedal*

Requisitos de desempenho dos ensaios: a pressão hidráulica de travagem gerada pelo circuito de alimentação do bloco do travão deve estar compreendida entre 100 e 130 bar, com o pedal totalmente pressionado; a pressão normal de enchimento do acumulador deve ser de 206 bar.

3.3.2- *Validação do modelo electro-hidráulico 1D*

Os resultados da simulação dos parâmetros de saída observados após a
do modelo físico 1D do sistema de travagem electro-hidráulico são a pressão de
saída do circuito de excitação e a pressão de saída do circuito de potência
dirigidas ao conjunto dos calços dos travões das rodas.

Após a aplicação progressiva da força piloto sobre os pedais, a pressão do circuito
de excitação aumenta linearmente ($P_{excitação} = 30t$) durante um período de 0,5s
para gerar uma pressão de excitação estável de 15 bar, independentemente da
progressão da força aplicada ao pedal. Isto explica porque é que 15 bar é a
pressão normal de funcionamento do circuito de excitação fornecido ao circuito
de potência (Figura 81).

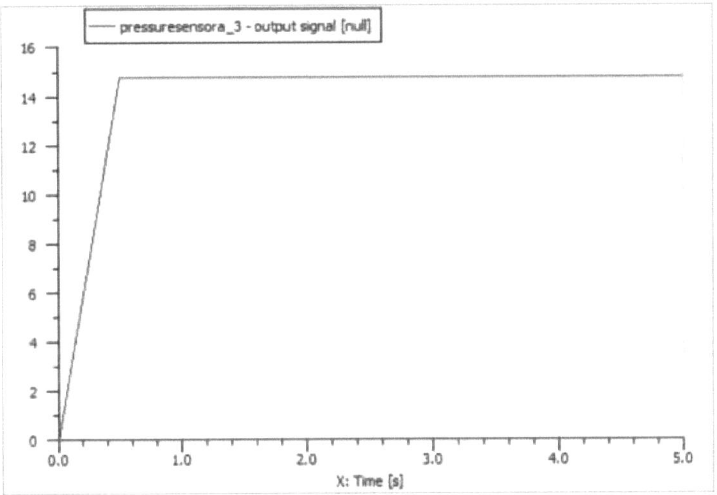

Figura 81. *Pressão do circuito de excitação*

Observamos que a pressão no circuito de potência progride linearmente durante
um período de 0,8s com dois coeficientes de direção diferentes em duas fases. A
primeira fase é antes de atingir 60 bar com uma evolução lenta (coeficiente de
direção = 80) e a segunda fase é acima deste valor com uma evolução crítica
(coeficiente de direção = 500). A pressão atinge então um pico de 122 bar antes
de se estabilizar em 120 bar, com um tempo de resposta de um segundo. Quando
o pedal é totalmente pressionado, a pressão fornecida pelo sistema de travagem
é da ordem dos 120 bar. Consoante o valor exigido pelo ensaio, a pressão
hidráulica de travagem, medida com o pedal totalmente pressionado, deve oscilar
entre 100 e 130 bar.

A pressão de travagem do nosso modelo físico 1D situa-se dentro deste intervalo
(120 bar). Assim, a comparação entre os resultados obtidos e o desempenho
exigido pelo fabricante da aeronave confirma a validação do modelo desenvolvido

(Figura 82).

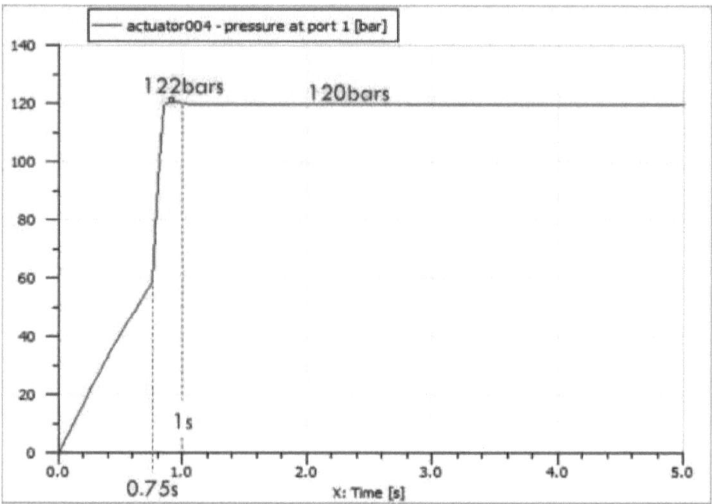

Figure 82. *Pression hydraulique de freinage générée par circuit de puissance*

Nesta secção, verificamos a validação dos modelos físicos desenvolvidos do sistema electro-hidráulico de travagem de aeronaves através da simulação do ensaio, ajustando os parâmetros de simulação adequados dos modelos na ferramenta de simulação multifísica AMESim. Esta simulação permitiu-nos confirmar a validação dos modelos, bem como a extração e a análise da evolução dos diferentes parâmetros multifísicos do sistema, nomeadamente a pressão de travagem.

Na secção seguinte, propõe-se um processo de desenvolvimento de uma co-simulação que associa o modelo físico e o modelo geométrico de um subsistema multifísico numa plataforma de interface.

4- Co-simulação de um sistema multidisciplinar

4.1- Interface com software de modelação

Na medida em que não existe atualmente um único software capaz de cobrir todos os domínios mencionados e todos os níveis de abstração do projeto, é essencial poder estabelecer uma interface entre os softwares escolhidos em função das suas complementaridades. Existem duas formas principais de interfaceamento:

Exportação do código: Trata-se de exportar o código do software A para o software B, cabendo ao solucionador deste último a função de resolver o sistema completo. Uma vez que o software não utiliza a mesma linguagem de descrição de modelos, é necessário desenvolver adaptações (interfaces) de software para software. Aqui podemos ver a vantagem de ter uma linguagem comum que parece responder às expectativas dos utilizadores (tendências: VHDL-AMS e MODELICA). No entanto, não conseguem chegar a acordo sobre um solucionador universal que resolva este problema de interface.

Co-simulação: As ferramentas envolvidas na simulação utilizam os seus ficheiros executáveis e executam os seus próprios solucionadores separadamente, trocando dados durante a simulação. O sistema A é resolvido usando o solver de A e o sistema B é resolvido usando o solver de B, com a troca de informações entre os dois sistemas em intervalos de tempo predefinidos. Esta técnica de co-simulação é difícil de utilizar quando os sistemas A e B são descritos por sistemas de equações algébrico-diferenciais.

4.2- As vantagens da co-simulação físico-geométrica

A tarefa de desenvolver modelos para sistemas dinâmicos multifísicos genéricos é normalmente complexa devido à necessidade de ferramentas de simulação especializadas para a análise funcional e a conceção física. No entanto, este trabalho torna-se mais complexo para a acessibilidade da simulação e

modelos de análise dinâmica ou para o controlo de protótipos multifísicos. De facto, estes modelos devem ser capazes de representar todos os efeitos dinamicamente relevantes.

Atualmente, as simulações físicas de sistemas mecânicos não são afectadas pela geometria real dos objectos. A maioria dos sistemas de simulação representa as peças mecânicas pelos seus centros de massa ou por algumas caraterísticas geométricas, como os momentos de inércia. De facto, as ferramentas actuais de modelização e simulação não permitem processar os diferentes níveis de abstração com vista a analisar os parâmetros dinâmicos e funcionais e também as suas interações (quadro 3).

Níveis de abstração

Editores de software	Funcional	Sistema	Subsistema	Geométrico
Matlab / Stateflow MathWorks	J			
ASCET ETAS	J	J		
Matlab / Simulink MathWorks		J	J	
Simscape MathWorks		J	J	
Dymola Dassault systemes		J	J	
LMS Imagine.Lab AMESim /LMS		J	J	
OpenModelica Associação Modelica		J	J	
ProEngineer PTC				J
CATIA / Abaqus Dassault Systemes				J

Fluente ANSYS				J

Tabela 3. *Exemplos de ferramentas de software de acordo com o nível de abstração tratado*

Consequentemente, nem o modelo geométrico nem o modelo físico do sistema multifísico podem gerar a evolução simultânea dos parâmetros físicos, tendo em conta os parâmetros físicos e geométricos e a sua simulação. Por conseguinte, os projectistas têm sempre de separar a geometria do modelo físico, em função do nível de abstração em causa. Esta separação torna a conceção orientada para a simulação de um produto multifísico lenta e inconsistente.

Um exemplo significativo de sistemas multifísicos que sofrem desta desvantagem são os sistemas hidromecânicos, como as caixas de câmaras hidráulicas. Trata-se de sistemas dinâmicos contínuos não lineares caracterizados pela presença de fluido hidráulico. É evidente que lidar diretamente com modelos tridimensionais sem ter em conta o grande efeito da pressão do fluido não é prático, tanto para a análise dinâmica como para a simulação. Por conseguinte, é necessário introduzir métodos para descrever a dinâmica de um sistema deste tipo.

Para ultrapassar esta desvantagem, propomos um processo de co-simulação que liga simultaneamente os níveis de abstração do projeto. Este processo consiste no desenvolvimento de uma interface que liga o modelo geométrico 3D ao modelo físico 1D. Esta interface permitir-nos-á simular conjuntamente os diferentes parâmetros dinâmicos e multifísicos. Este processo será aplicado a um invólucro hidromecânico do distribuidor de travões onde a simulação da reação dinâmica das partes geométricas à presença do fluido hidráulico será o ponto forte desta co-simulação.

4.3- Processo de co-simulação 1D - 3D

4.3.1- Interface LMS do Virtual.Lab Motion

A interface Motion do LMS Virtual.Lab é uma plataforma de interface entre a linguagem da sua ferramenta de simulação Motion 3D e a das ferramentas de simulação física 1D para a análise simultânea de simulações. Esta opção de interface entre programas de modelização multifísica é muito útil para estudar a interação entre o modelo 3D de um mecanismo complexo e circuitos pneumáticos e hidráulicos sofisticados. A interface permite traçar os resultados de cada sistema no seu próprio pacote e tirar o máximo partido das capacidades de animação do LMS Virtual.Lab (Anexo 2).

4.3.2- Movimento Interfagage - AMESim

Estamos a utilizar a capacidade de interface da plataforma Motion do LMS Virtual.Lab para potenciar as capacidades do Imagine.Lab AMESim e do Virtual.Lab sem diminuir o desempenho de ambos os pacotes. Esta disposição permitir-nos-á ligar o modelo geométrico 3D de um mecanismo de válvula de travão construído no ambiente Virtual.Lab Motion (ou importação CATIA) a um modelo físico 1D no AMESim. Esta interface entre o Virtual.Lab Motion e o AMESim pode suportar os seguintes tipos de análise:

Co-simulação acoplada: O processo de co-simulação acoplada Motion-AMESim é uma relação mestre/escravo durante a qual todas as equações do Motion e as equações de estado do AMESim são combinadas e resolvidas simultaneamente. Isto também permite a utilização do solucionador estático do Motion e a linearização. São suportados diferentes tipos de análise no processo de co-simulação acoplada: estática, dinâmica, estática/dinâmica e linearização (Tabela 4).

solução estática: é uma solução algébrica para as equações de estado Movimento tal que as derivadas de estado são zero e o sistema está num ponto de equilíbrio definido;

solução dinâmica: nesta solução, as equações algébricas diferenciais fundamentais do Motion são resolvidas através de um processo de integração numérica;

solução estática / dinâmica: nesta solução de análise, primeiro é efectuada uma solução estática para fornecer ao Movimento uma equação.

Uma solução dinâmica é lançada a partir da posição de equilíbrio;

linearização: a análise de linearização faz parte da solução dinâmica. No ponto de reporte do processo de solução, o sistema é convertido em análise linear. A representação linear é útil para a conceção do controlo.

Tipo de interface	Solucionador de chumbo	Ferramenta de cálculo	Tipos de análise
Co-simulação acoplada	Movimento	Movimento	* Estática * Dinâmica * Estático / Dinâmico * Linearização
Co-simulação dinâmica	AMESim	AMESim	* Dinâmica

Tabela 4. *Tipos de análise da interface de movimento*

Na co-simulação acoplada, as equações de estado do AMESim e do Motion são resolvidas como um conjunto completo pelo solver de simulação Motion. O solucionador Motion cria um conjunto de equações diferenciais algébricas do Motion que são representadas como equações de Newton-Euler. O Virtual.Lab usa um conjunto máximo de coordenadas e depois remove graus de liberdade adicionais aplicando uma biblioteca de equações de restrições de ligação:

$$M\dot{v} + \Phi_q^T \, \lambda = Q_a(q, v) \qquad (3)$$

$$\Phi(q) = 0 \qquad (4)$$

Ou :

q é o vetor das coordenadas de posição generalizadas ;

v é o vetor das velocidades das coordenadas generalizadas ;

M é a matriz de massa ;

Q_a é o vetor das forças aplicadas;

λ é o vetor dos multiplicadores de Lagrange.

Quando o Virtual.Lab Motion e o AMESim são acoplados, um conjunto de controlo de força do AMESim é aplicado aos corpos do mecanismo resultando em movimento. Com a operação dos sensores de posição da carga, os dados de velocidade e aceleração são alimentados ao AMESim. Tipicamente, as forças do AMESim são o produto de equações de estado e o Movimento deve integrar um conjunto de equações diferenciais do AMESim. As equações de estado do AMESim são representadas por "g" e a variável de estado por "x", de modo que as equações acopladas do Motion tornam-se:

$$M\dot{v} + \Phi_q^T \lambda = Q_a(q, v, x) \qquad (5)$$

$$\Phi(q) = 0 \qquad (6)$$

$$g(q, v, x, \dot{x}) = 0 \qquad (7)$$

As equações do AMESim são escritas num formato geral para permitir que as equações implícitas sejam geradas e resolvidas pelo solver do Motion. Cada modelo é construído com a sua solução de software, depois os dois modelos são ligados no banco de trabalho Motion e a co-simulação acoplada é efectuada no Motion ou utilizando o pacote loader. A Figura 83 mostra o processo geral de interfaceamento:

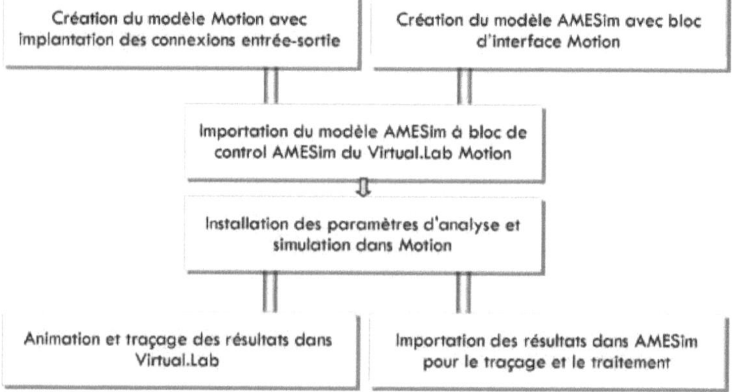

Figura 83. *Processo de co-simulação acoplado entre o AMESim e o Motion*

Co-simulação dinâmica: Na abordagem de co-simulação dinâmica, em contraste com a co-simulação acoplada, cada pacote de simulação (LMS Imagine.lab e LMS Virtual.Lab) executa o seu próprio solver em sincronização com o outro solver e as equações de movimento do AMESim e as equações de estado do Virtual.Lab Motion são resolvidas separadamente.

Para o efeito, no modo de co-simulação dinâmica, cada solucionador liga-se e comunica com o outro solucionador em intervalos de tempo discretos. As mesmas equações (5) e (7) são resolvidas no modo de co-simulação dinâmica como na co-simulação acoplada, mas separadamente. Nesta situação, o solucionador AMESim é o mestre e resolve o seu próprio conjunto de equações de estado desde o instante "t_i" até ao instante do próximo intervalo de comunicação "t_{i+1}".

A equação (7) transforma-se na equação (8), em que as variáveis de entrada do Motion (q, v) estão sempre no último instante de amostragem de tempo.

$$g(q^i, \ v^i, \ x, \ \dot{x}) = 0 \qquad (8)$$

Uma vez que o solucionador AMESim tenha completado a integração para o próximo intervalo de comunicação, o solucionador de movimento é chamado para integrar no tempo atual. O solucionador de movimento usa agora as entradas do AMESim no último intervalo de comunicação "t_i" para avançar para o próximo intervalo de comunicação "t_{i+1}".

$$M\dot{v} + \Phi_q^T \ \lambda = Q_a(q, v, \dot{x})$$

$$\Phi(q) = 0$$

Existe uma semelhança entre a co-simulação acoplada e a co-simulação dinâmica. No entanto, no modo de co-simulação dinâmica, o modelo Motion torna-se um "sub-componente" do AMESim (Figura 84):

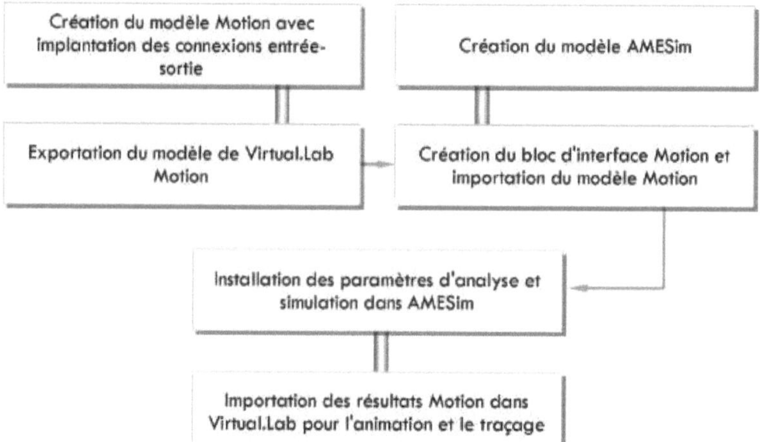

Figura 84. *Processo de co-simulação dinâmica AMESim-Motion*

5- Implementação da co-simulação e da otimização
5.1- Co-simulação 1D-3D de um sistema multifísico

Dado que a nossa válvula de travão tem três câmaras que comunicam por fluido hidráulico, através de interconexões que não podem ser modeladas geometricamente, interessa-nos o estudo dinâmico resultante desta co-simulação na câmara do cilindro-mestre da válvula de travão. Esta câmara é um mecanismo hidromecânico essencial no funcionamento do distribuidor, daí o interesse deste estudo dinâmico da reação dos elementos constituintes desta câmara ao deslocamento da haste como elemento de controlo da travagem.

Inspiramo-nos nos processos de co-simulação acoplada e de co-simulação dinâmica para efetuar a co-simulação físico-geométrica (1D3D) utilizando a plataforma Motion do LMS Virtual.Lab e do AMESim. Este processo é igualmente aplicável a outras ferramentas de modelação de sistemas, tais como Simscape / Simulink, Modelica, etc.

5.1.1- Processo de co-simulação acoplada

Desenvolvimento de modelos CAD de componentes e montagem utilizando a interface Motion (Figura 85) e (Figura 86) :

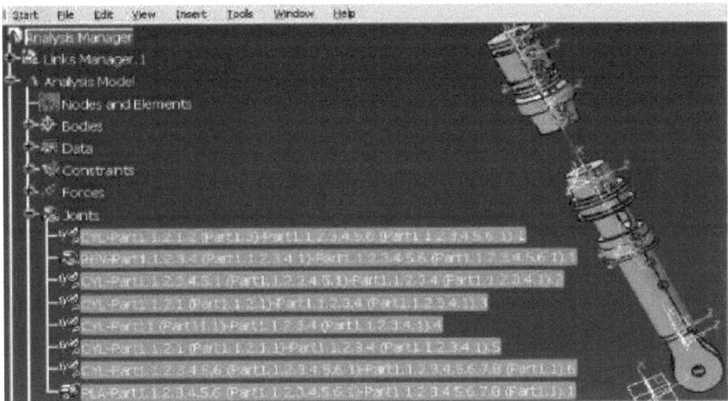

Figura 85. *Definição das ligações entre peças*

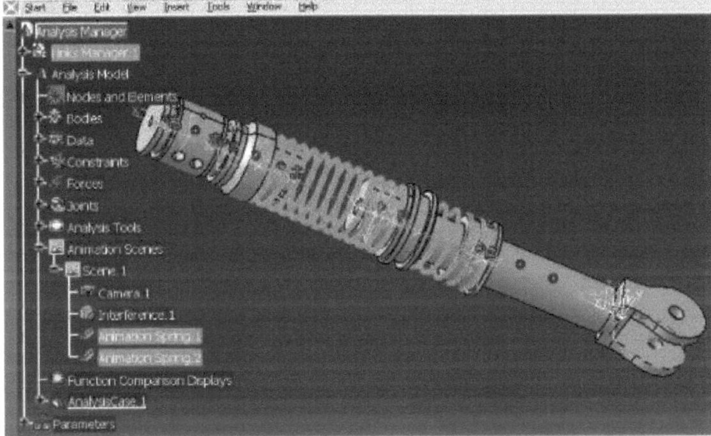

Figura 86. *Inserir molas de parâmetros*

Definição dos pontos sobre as peças a estudar como entradas para a simulação acoplada (Figura 87). Em geral, tomamos um ponto de referência num corpo fixo e o segundo ponto na peça que desejamos estudar o seu comportamento dinâmico e cinemático com a presença de fluido hidráulico na câmara e também sob o constrangimento do deslocamento de uma haste como controlo de travagem.

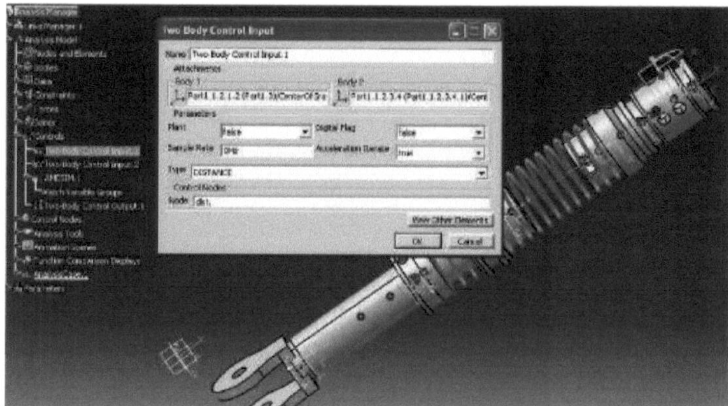

Figura 87. *Definição das entradas*

Inserimos na plataforma Motion o modelo 1D AMESim do distribuidor de travões (Figura 88):

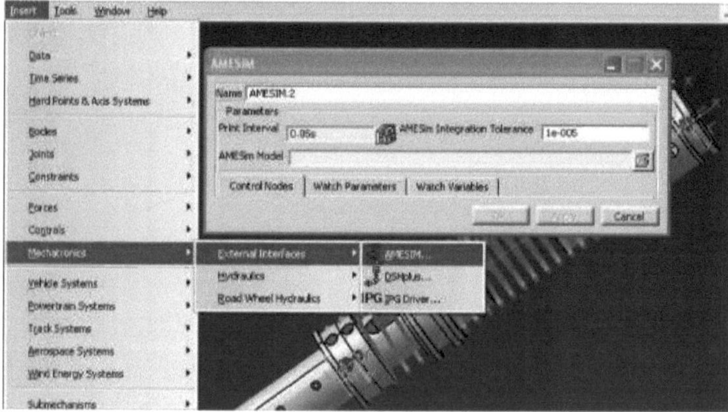

Figura 88. *Inserção do modelo AMESim*

A ligação entre o modelo 3D do Motion e o modelo 1D do AMESim (Anexo 3), para a co-simulação acoplada planeada, é estabelecida através da criação de um bloco de interface que liga os dois modelos. Especificamos para este bloco os parâmetros de entrada e os parâmetros de saída que desejamos simular (Figura 89):

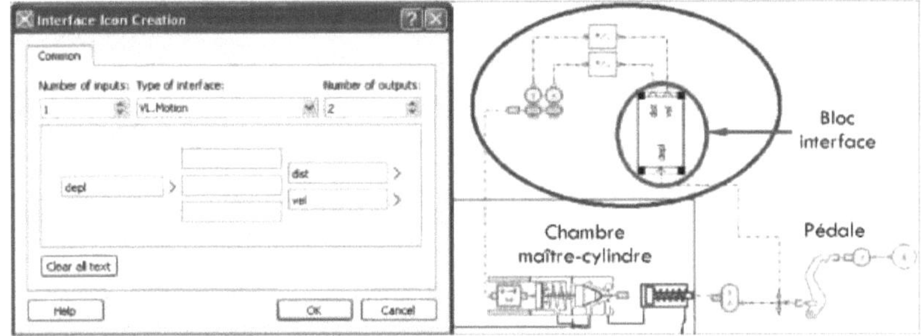

Figura 89. *Criar um bloco de interface*

Definimos o tipo de análise dinâmica e os parâmetros de análise (Figura 90):

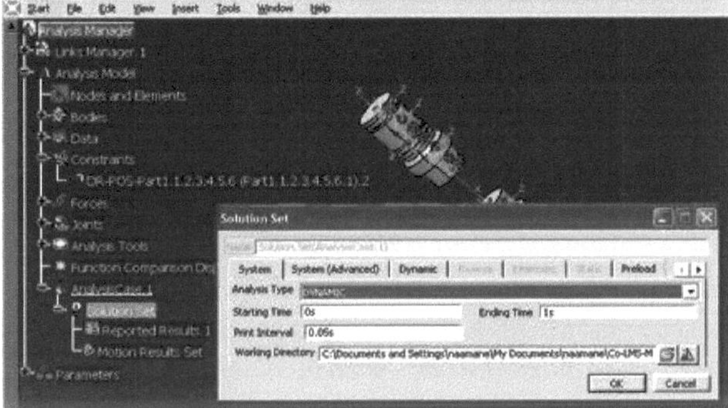

Figura 90. *Tipo de análise Dinâmica*

Escolhemos os tipos de interferência a serem exibidos durante a simulação dinâmica do sistema na presença de fluido hidráulico (Figura 91):

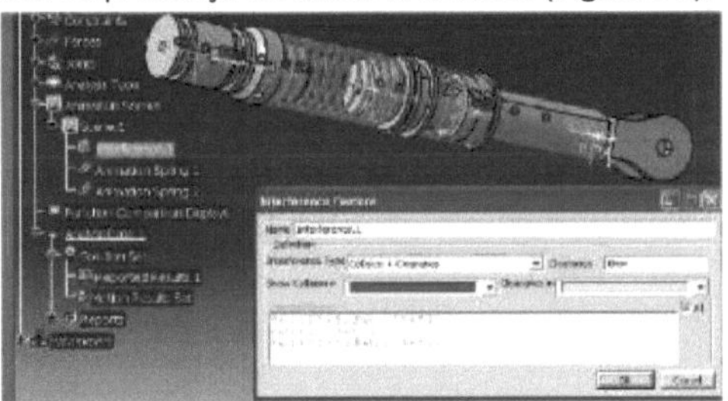

Figura 91. *Definição da interferência a estudar*

5.1.2- Co-simulação e análise de resultados

Executamos a co-simulação na interface Motion. Podemos visualizar as interferências com as tolerâncias correspondentes (Figura 92):

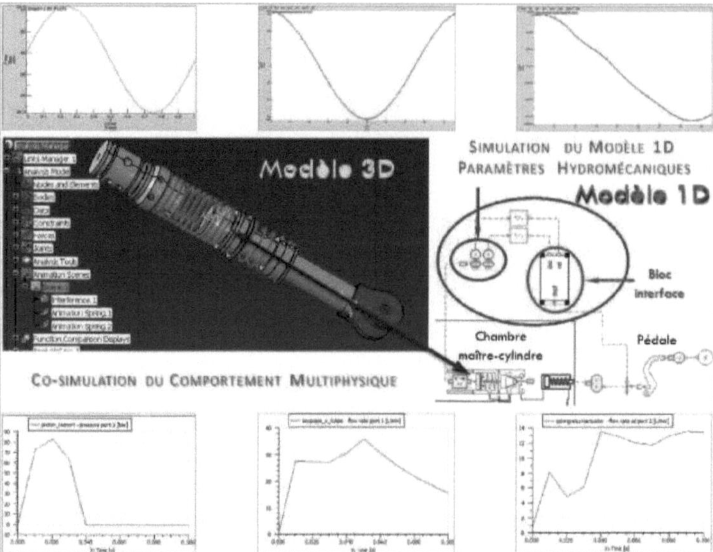

Figura 92. *Simulação de interferência*

A principal vantagem deste tipo de co-simulação é que os parâmetros dinâmicos das peças no modelo CAD 3D podem ser visualizados enquanto o sistema está a funcionar numa base multifísica. Os resultados da co-simulação são extraídos através da aplicação do processo acima descrito.

Executamos a compilação do modelo físico 1D e analisamos a reação dinâmica das peças do cilindro mestre no modelo CAD a partir da saída do bloco de interface geometria-física. Visualizamos a evolução do deslocamento da haste da válvula após um comando de travagem correspondente a um deslocamento inicial da ordem dos 3 cm (Figura 93):

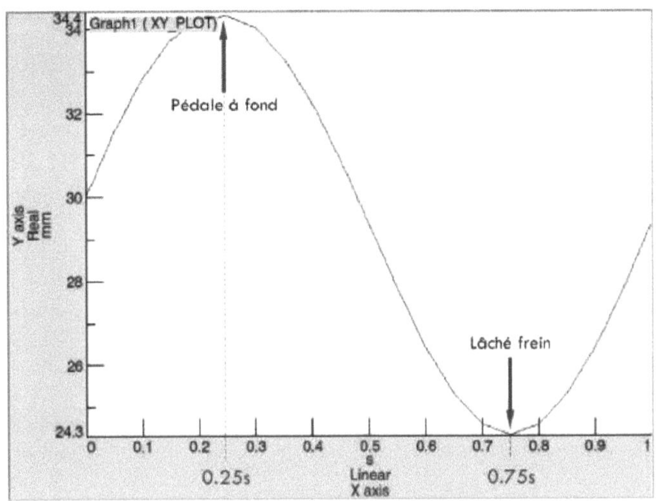

Figure 93. *Déplacement de la tige*

A haste move-se de forma sinusoidal entre a posição máxima (pressão máxima de travagem) e a posição mínima (desbloqueio do travão) em que a haste é pressionada. Esta forma sinusoidal explica-se pela ação-reação da pressão de travagem e da pressão de retorno que actuam sobre a haste. Observa-se também que a travagem desejada é atingida aos 0,25s e que a haste volta ao repouso aos 0,75s.

Podemos também ver a evolução da velocidade de movimento da mola da válvula e também o binário exercido sobre esta mola (Figura 94):

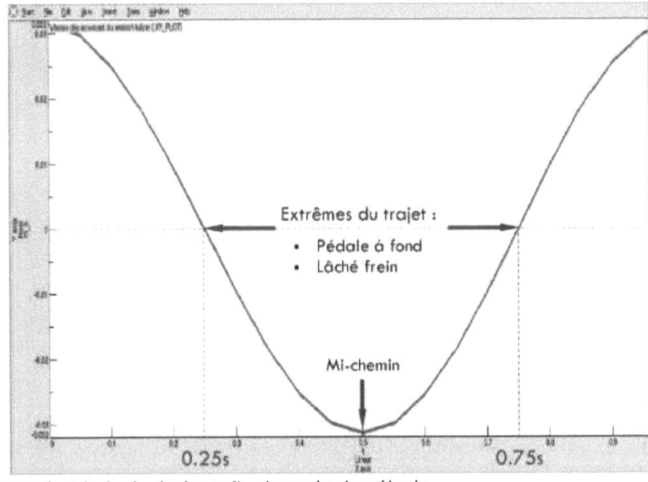

Figura 94. *Velocidade de deslocação da mola da válvula*

119

Verificamos que esta velocidade tem um máximo da ordem de 0,032 m/s tanto na posição estendida como na posição comprimida. O seu valor também evolui sinusoidalmente num período de um segundo.

A evolução do valor do binário exercido na mola corresponde exatamente à evolução do deslocamento do varão como se mostra na (Figura 95). Os valores extremos do binário exercido correspondem aos deslocamentos extremos do varão.

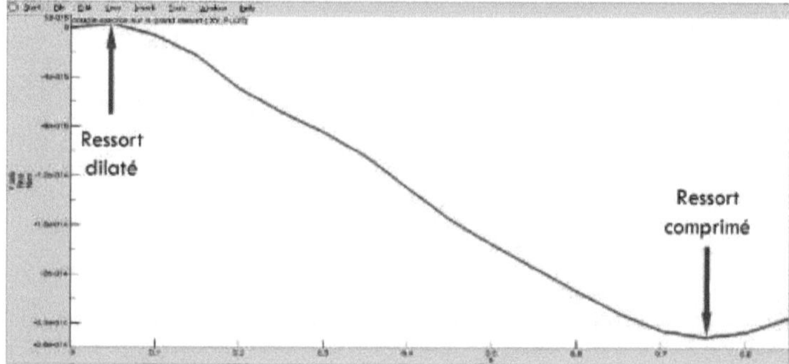

Figura 95. *Binário na mola*

A figura 96 mostra a energia desenvolvida pelo tirante em consequência do binário aplicado. Verifica-se que o período de devolução do valor desta energia é de dois (0,5s), pelo que se anula duas vezes antes de o tirante voltar à posição de travão libertado.

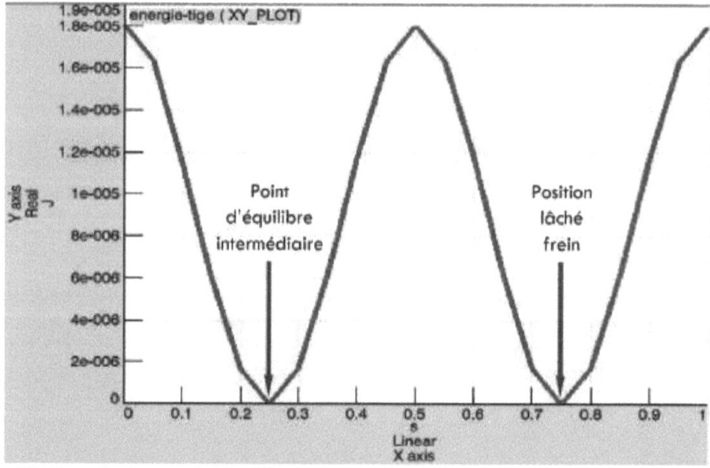

Figura 96. *Energia desenvolvida pelo tronco*

Outros valores podem também ser obtidos e analisados nas diferentes partes do modelo geométrico 3D, tais como as acelerações dos deslocamentos das peças [71].

A modelização e a simulação de sistemas multifísicos de travagem de aeronaves podem também ajudar a prever a capacidade de manutenção destes sistemas ou dos seus componentes e, sobretudo, a otimizar o seu comportamento em termos de eficiência operacional.

5.2- Otimização do tempo de resposta do sistema

A modelização e a simulação do sistema de travagem multifísico de uma aeronave contribuirão para a otimização do comportamento desse sistema. Este objetivo será objeto da presente secção.

5.2.1- Conceção optimizada

A conceção óptima, também designada por otimização da forma ou da estrutura, é uma preocupação fundamental para os engenheiros e investigadores que concebem produtos industriais inovadores (componentes multifísicos, estrutura mecânica, perfil aerodinâmico, componentes electrónicos, etc.), a fim de melhorar as propriedades físicas essenciais (eficiência, resistência, durabilidade).

Esta conceção deve também satisfazer restrições rigorosas, como o custo, a viabilidade industrial, mas também o peso ou o volume das estruturas, ou qualquer outra propriedade física importante. Trata-se, portanto, de um problema clássico da investigação operacional: a otimização condicionada de uma função objetivo.

Dada a capacidade de cálculo dos computadores, a matemática tornou-se essencial para automatizar este processo de otimização. Com efeito, o método tradicional de otimização consistia em proceder por tentativa e erro, seguindo o saber-fazer e a intuição do engenheiro: experimentamos uma forma cujo desempenho calculamos, depois, em função do desempenho, modificamo-la para tentar melhorá-la e repetimos o processo até obtermos uma forma satisfatória (ou mesmo heurística). Esta abordagem "manual" parece muito lenta, dispendiosa e imprecisa. Cada vez mais, está a ser substituída por software de otimização numérica que representa a forma utilizando um número limitado de parâmetros descritivos (geralmente pontos de controlo nas arestas) e que a melhora iterativamente variando automaticamente esses parâmetros.

Algoritmos, por vezes antigos, mas mais frequentemente extremamente "avançados" e fruto da investigação atual, estão escondidos nestes programas. Em particular, no contexto da mecatrónica, nomeadamente automóvel e aeronáutica, os desenvolvimentos recentes em matéria de otimização geométrica e topológica das formas tiveram um impacto considerável na indústria.

5.2.2- Otimização do tempo de resposta

Como já foi referido, a pressão de travagem fornecida pelo circuito de potência só atinge a sua pressão funcional de 120 bar após um segundo de evolução. Este tempo representa o tempo de resposta do sistema de travagem do avião e é considerável para um avião de combate caracterizado pela sua elevada velocidade de aterragem, tendo em conta a limitação do comprimento da pista.

Para reduzir este tempo de resposta da pressão de travagem, procedemos a um estudo aprofundado dos parâmetros funcionais de cada componente do sistema e dos seus efeitos sobre o parâmetro em questão, através de simulações de cenários.

Nesta perspetiva de eficácia de travagem, que se traduz por um "tempo de resposta" reduzido e optimizado, o referido estudo e as repetidas simulações revelaram que o funcionamento da válvula de descompressão instalada no reservatório hidráulico, cuja função é sangrar a pressão do reservatório, tem uma influência negativa no aumento rápido da pressão de excitação.

A fim de otimizar o tempo de resposta à pressão de travagem do nosso modelo físico, estudámos os parâmetros da válvula de descompressão e também a capacidade do reservatório hidráulico associado, a fim de fornecer uma solução de otimização que mantenha o funcionamento correto do sistema. Actuámos sobre os limiares de pressão hidráulica para acionar a válvula de descompressão, compensando esta alteração através do aumento da capacidade do reservatório no circuito de excitação.

Ajustamos os novos parâmetros nos modelos físicos da válvula de descompressão e do reservatório hidráulico. A simulação do modelo físico 1D modificado do sistema de travagem permitiu-nos visualizar o nosso parâmetro "tempo de resposta".

O resultado é considerável, na medida em que podemos reduzir o tempo de resposta em 50% (0,5 segundos) com uma evolução moderada que favorece um funcionamento fiável (coeficiente de direção = 250) e, sobretudo, respeitando as outras exigências de desempenho operacional (pressão de travagem = 122 bar) (Figura 97).

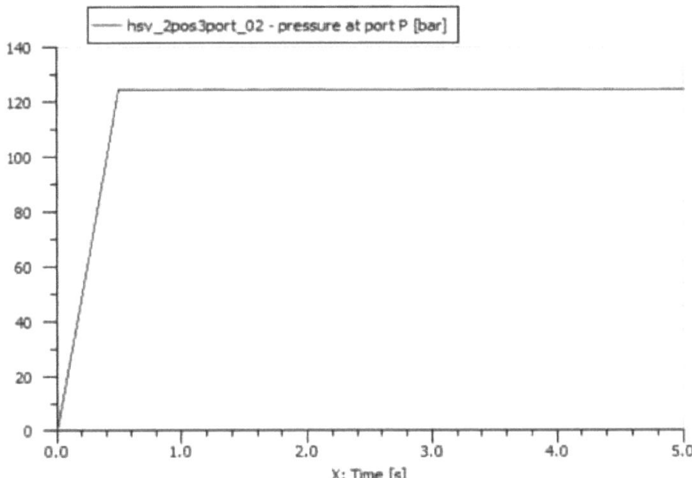

Figura 97. *Otimização do tempo de resposta da pressão de travagem*

A simulação de modelos físicos 1D de sistemas multifísicos de travagem de aeronaves em dois ambientes, baseada na abordagem orientada para os componentes, consiste em analisar a variação no tempo dos parâmetros dinâmicos dos subsistemas envolvidos nos sistemas de travagem de aeronaves. Foram utilizados modelos físicos 1D para prever as caraterísticas comportamentais dos sistemas em diferentes condições de funcionamento. De facto, a simulação dos parâmetros determinantes dos sistemas permitiu validar os modelos desenvolvidos, evidenciando o princípio de funcionamento do sistema. Permitiu-nos também analisar os parâmetros de desempenho do sistema, simulando o teste de funcionamento exigido pelo fabricante da aeronave. Por fim, podemos visualizar a evolução da força produzida pelo sistema na roda sob a forma de uma ação-reação entre o bloco de travão e a roda como um parâmetro que descreve o comportamento dinâmico da roda da aeronave no solo sob tensão de travagem.

Os resultados da simulação levaram-nos a otimizar o parâmetro que determina o tempo de resposta do sistema de travagem. Esta otimização serviu de base a um estudo aprofundado, através de simulações repetidas, para determinar os parâmetros que influenciam o tempo de resposta do sistema.

6- Conclusão

A simulação dos modelos físicos 1D dos sistemas de travagem do avião permitiu-nos validar estes modelos por referência à simulação do ensaio funcional exigido pelo fabricante do avião. Foi assim possível reexaminar o princípio de funcionamento do sistema de travagem. No entanto, o estudo concetual do comportamento de um tal sistema multifísico só será optimizado se formos capazes de realizar os diferentes tipos de ensaios funcionais no ambiente virtual 1D em harmonia com o modelo virtual geométrico 3D. Em resposta a este problema, apresentámos um processo de co-simulação físico-geométrica ligando os dois modelos desenvolvidos sob uma interface de simulação cooperativa. Efectuámos uma análise de co-simulação 1D-3D de um mecanismo multifísico, criando um bloco de interface entre o modelo físico 1D e o modelo geométrico 3D. Esta instrumentação conduziu-nos à solução de otimização do parâmetro essencial do sistema, o tempo de resposta.

Este processo trouxe-nos um valor acrescentado considerável, na medida em que nos permite visualizar e analisar o comportamento das peças no modelo 3D, ao mesmo tempo que simulamos o modelo físico 1D do funcionamento multifísico do sistema.

CAPÍTULO 6

CONCLUSÕES E PERSPECTIVAS

O principal objetivo deste estudo é analisar sistemas multifísicos aeronáuticos utilizando uma abordagem versátil para a modelação e simulação de sistemas de travagem de aviões de combate. Esta abordagem pretende contribuir tanto para o estudo do comportamento como para a conceção deste tipo de sistemas.

Em primeiro lugar, foi necessário clarificar os conceitos de engenharia de sistemas e a classificação multifísica de sistemas complexos, como os envolvidos na mecatrónica. Após uma análise do processo de conceção tradicional, sequencial e baseado em tarefas, apoiámos uma metodologia de conceção multifísica contemporânea que satisfaz os requisitos da engenharia concorrente e colaborativa. Esta metodologia é ideal para a conceção multifísica, em particular através da adoção de um ciclo em V. Este ciclo de conceção baseia-se essencialmente no desenvolvimento de modelos virtuais e na sua

validações com simulações ao nível de abstração necessário para uma integração conclusiva.

Neste sentido, abordámos a noção de modelo e os seus níveis de abstração, a fim de estabelecer os limites da modelização de um sistema multidisciplinar baseado na decomposição estrutural. Para o efeito, uma avaliação das diferentes abordagens permitiu-nos identificar os pontos fortes e os limites de cada uma.

A principal dificuldade desta modelização reside na incapacidade de ligar os níveis de abstração do modelo de um sistema multifísico. Este problema de modelização e de simulação de um sistema multifísico acentua-se consideravelmente no caso dos sistemas aeronáuticos, que se tornam cada vez mais complexos.

Já salientámos a natureza multidisciplinar dos sistemas aeronáuticos, tais como os que são alimentados por geração hidráulica e eléctrica, como fontes primárias de energia da aeronave.

Neste contexto, a nossa investigação centrou-se no estudo dos sistemas de travagem de aviões de combate como sistemas multifísicos críticos, para tornar a nossa abordagem viável. Utilizámos um processo baseado na engenharia de sistemas para analisar o funcionamento multifísico destes sistemas através da exploração de arquitecturas de sistemas. Esta investigação incluiu o estudo dos parâmetros funcionais e dimensionais dos componentes do sistema.

Uma das primeiras contribuições da nossa investigação diz respeito à modelação física 1D de um sistema multifísico. A abordagem multivalente permitiu-nos modelizar sistemas multidisciplinares. A abordagem de modelação física 1D que propomos foi concebida utilizando um processo verdadeiramente modular, adoptando uma modelação orientada para os componentes cujas ferramentas são compatíveis com as da programação orientada para os objectos. Foram apresentadas duas poderosas ferramentas dedicadas a esta abordagem para o desenvolvimento de modelos físicos 1D: Simscape / simulink e AMEsim.

Esta abordagem multifísica foi utilizada nos dois sistemas de travagem multidisciplinares de aviões de combate para desenvolver os seus modelos físicos 1D e os dos seus subsistemas.

O sucesso deste desenvolvimento deve-se à exploração das sínteses do estudo multifísico do princípio de funcionamento e dos parâmetros geométricos, efectuado sobre estes dois sistemas em vez de escrever os seus algoritmos de cálculo. De facto, utilizamos as bibliotecas multifísicas dos modelos de base das ferramentas e, se necessário, o desenvolvimento de submodelos que podem ser integrados nos nossos ambientes de modelação. Este processo pode ser resumido da seguinte forma:

Estudo do princípio de funcionamento e dos parâmetros funcionais dos componentes que constituem os sistemas através da anotação dos parâmetros geométricos e físicos;

Decomposição do sistema multidisciplinar em subsistemas multifísicos para facilitar a modelização do sistema completo;

Exploração do estudo multifísico e utilização de ambientes de modelação (AMESim ou Simscape) para definir os submodelos de base das bibliotecas destes ambientes correspondentes a cada componente do sistema;

Desenvolvimento de novos submodelos para subsistemas que possam ser integrados nestes ambientes;

Reajustamento dos parâmetros dos submodelos da biblioteca de base ;

Unir os submodelos que constituem os modelos físicos dos componentes e subsistemas utilizando a tarefa causal através de

portos" que se associam através do intercâmbio de "energia", respeitando as especificidades funcionais do sistema;

A interligação entre os modelos dos subsistemas permite-nos desenvolver um modelo numérico físico 1D do sistema de travagem multidisciplinar da aeronave.

Esta instrumentação permitiu-nos desenvolver modelos físicos de sistemas de travagem multifísicos e dos seus componentes multidisciplinares.

A fim de validar, analisar e otimizar o comportamento dos modelos físicos 1D desenvolvidos para os sistemas de travagem das aeronaves, simulámos os modelos 1D.

Esta simulação nos dois ambientes, baseada na abordagem orientada para os componentes, oferece a possibilidade de analisar a variação ao longo do tempo dos parâmetros físicos dos subsistemas e do sistema de travagem integral da aeronave. De facto, com a simulação do teste de funcionamento correto exigido pelo fabricante da aeronave, foi possível validar os modelos desenvolvidos.

A validação foi conclusiva na sequência da comparação dos requisitos de desempenho recomendados pelo ensaio com os resultados da simulação dos parâmetros correspondentes, evidenciando o princípio de funcionamento do sistema. Estes modelos físicos 1D podem ser utilizados para prever as caraterísticas do comportamento do sistema em diferentes condições de funcionamento.

Além disso, a modelação de mecanismos aeronáuticos multidisciplinares tem o inconveniente de não poder visualizar o comportamento dinâmico e cinemático das peças no modelo geométrico 3D, ao mesmo tempo que simula parâmetros multifísicos (pressão, tensão, corrente, fluxo, etc.).

A nossa proposta centra-se num processo de co-simulação dinâmica acoplada através do desenvolvimento de uma interface entre o modelo geométrico 3D e o modelo físico 1D.

A co-simulação oferece a possibilidade de visualizar e analisar o comportamento das peças no modelo 3D sob o funcionamento multifísico do sistema, enquanto se compila simultaneamente o modelo físico 1D. Descrevemos o processo que permite a interconexão entre o modelo 3D e o modelo 1D através de um bloco de interface que é utilizado para simular simultaneamente dois tipos de modelos físicos e geométricos. Desta forma, consegue-se a comunicação entre dois níveis de abstração do modelo, o que é útil para analisar o comportamento de mecanismos complexos, considerando os parâmetros dos principais fenómenos envolvidos no funcionamento do sistema. Implementámos este processo numa câmara hidromecânica do distribuidor do travão de avião. Foi possível extrair e analisar as alterações no tempo dos parâmetros dinâmicos e cinemáticos das partes do modelo geométrico com a presença de fluido hidráulico na câmara, ao mesmo tempo que se efectuava a correspondente simulação do modelo físico 1D. Esta co-simulação permitiu-nos visualizar a reação dos parâmetros mecânicos das peças do modelo geométrico ao funcionamento hidromecânico do mecanismo.

Na mesma linha, também visualizámos e analisámos a evolução da força produzida pelo sistema de travagem na roda da aeronave sob a forma de uma ação-reação entre o bloco de travões, que descreve o comportamento dinâmico da roda da aeronave no solo sob tensão de travagem.

A co-simulação dos modelos permitiu-nos examinar os resultados para otimizar o comportamento do sistema de travagem do avião; em particular, encontrar a solução óptima em termos de tempo de resposta como parâmetro essencial da eficácia funcional do sistema.

Para reiterar, a nossa abordagem de modelização física é aplicável aos sistemas multifísicos, nomeadamente aos sistemas aeronáuticos. A viabilidade dos sistemas de travagem hidromecânicos e electro-hidromecânicos das aeronaves demonstrou-o. Além disso, o processo de co-simulação é igualmente válido para os sistemas que contêm circuitos eléctricos e mecanismos mecânicos, mas um único invólucro hidráulico ou pneumático. Esta restrição deve-se à dificuldade de modelizar geometricamente o fluido hidráulico ou o ar contido numa interconexão que liga duas câmaras. Se olharmos agora para o futuro, no que diz respeito às perspectivas ligadas aos trabalhos realizados, vários aspectos se destacam.

A primeira perspetiva que identificámos resulta de uma limitação do nosso modelo. De facto, só foi possível experimentar e testar o modelo na sua totalidade nas três experiências contidas no teste de desempenho do fabricante da aeronave. Por conseguinte, é interessante analisar mais de perto os pontos seguintes:

O processo de co-simulação pode ser alargado no caso de um sistema de duas caixas ou câmaras hidráulicas ou pneumáticas. Uma solução possível é modelar as pressões hidráulicas à saída da primeira câmara e à entrada da segunda câmara, e os seus efeitos, utilizando mecanismos mecânicos que podem ser integrados no modelo geométrico global.

A nossa contribuição pode ser mais útil para a conceção e o dimensionamento dos componentes do sistema de travagem, nomeadamente dos distribuidores de travões.

A nossa abordagem de estudo pode ser alargada para servir de referência no desenvolvimento de protótipos virtuais para prever a capacidade de manutenção de componentes e sistemas multifísicos aeronáuticos, automóveis ou ferroviários.

A realização dos diferentes modelos dos níveis de abstração dos sistemas de uma aeronave com a aplicação do processo de co-simulação pode levar ao desenvolvimento de um modelo numérico da aeronave que será utilizado para analisar simultaneamente o comportamento dos vários órgãos e sistemas e as suas interações funcionais.

Os modelos desenvolvidos para os sistemas das aeronaves foram concebidos utilizando condições ambientais normalizadas, prescritas pelo ensaio de desempenho do fabricante da aeronave. Dado o vasto leque de condições em que uma aeronave pode evoluir, seria interessante prosseguir esta linha de pensamento, estudando ferramentas e métodos para analisar e quantificar o impacto dos parâmetros ambientais externos no comportamento dos sistemas da aeronave.

A curto prazo, já é possível utilizar estes diferentes resultados em numerosos casos industriais. Seria então interessante avaliar as reacções dos designers, engenheiros e especialistas em controlo de qualidade.

Bibliografia

[1] - PENALVA J. M., "A modelação pelos sistemas em situações complexas". *Estes de Doutoramento, Universidade de Paris XI.* Paris 1997

[2] - BREAS M., "Prob^matique de l'intégration de l'Action Individuelle dans les Systemes Technologiques - Application : utilisation de la description des fonctions pour favoriser l'Autonomie". *Tese de doutoramento, Instituto Nacional Politécnico de Lorena.* Nancy 1993

[3] - LE MOIGNE J. L., "La thëorie du Systeme Gënëral: thëorie de la modëlisation". *Coleção*
Os clássicos da pesquisa de inteligência da complexidade. 1994

[4] - ASHBY ROSS W., "Facets of Systems Science: General System Theory as a new disciplina". *Springer Science+Business Media, p 249.* Nova Iorque 1991

[5] - IEEE, "P1220 Norma de utilização experimental para aplicação e gestão dos sistemas
Processo de Engenharia". *Institute of Electrical and Electronics Engineers Standards Department, Inc.* Nova Iorque 1994

[6] - MEINADIER J. P., "Engenharia e integração de sistemas". *Publicações Hermes Science.*
1998

S. FIORESE, J. P. MEINADIER, "^couvrir et comprendre l'ingënierie systeme". *Cepadues.* 2012

[8] - F. BENABEN, C. ANTOINE, J. P. PIGNON, J. MAGNIER, M. LARNAC, "Une mëthode d'aide a la conceção funcional de sistemas técnicos multi-tecnológicos". *Revista Genie Logiciel.* 2001

P. MASSOTTE, "La modëlisation systematique en entreprise". *Hermes, capítulo 12.* Paris 1995

[10] - K. PAETZOLD, W. SCHWEIGER, B. SHI, "Uma abordagem à organização da fase de conceção no processo de desenvolvimento interdisciplinar". *Workshop: Sistemas Mecatrónicos Inteligentes.* Paderborn 2003

[11] - R. ISERMANN, "On the design and control of mechatronic systems-a survey". *IEEE Transactions on Industrial Electronics, vol. 43.* 1996

[12] - W. BOLTON, "Mechatronics". *Harlow, Inglaterra: Addison Wesley Longman.* 1999

[13] - N. KYURA, H. OHO, "Mecatrónica - uma perspetiva industrial". *IEEE - ASME Transactions on Mechatronics, vol. 1.* 1996

[14] - R. COMERFORD, "Mecha... o quê". *IEEE Spectrum, vol. 31, pp. 46-49.* 1994

[15] - AFNOR, "Relatório Técnico NF E01-010 em Mëcatronique - Vocabulaire". 2008

[16] - J. GAUSEMEIE, R. DUMITRESCU, S. KAHL, D. NORDSIEK, "Desenvolvimento integrado do produto e do sistema de produção para produtos mecatrónicos". *Robotics and Computer-Integrated Manufacturing, vol. 27, pp. 772-778.* 2011

[17]   - D. Deneux, "Mëthodes et modeles pour la conception concourante," *Universite de Valenciennes et du Hainaut Cambresis.* 2002

[18]   - P. Jagou, "Engenharia simultânea: a gestão dos custos, dos atrasos e da qualidade". *Hermes.* Paris 1993

[19]   - VDI, "Verein Deutscher Ingenieure: Entwicklungsmethodik fur mechatronische systeme (metodologia de conceção para sistemas mecatrónicos)". *Relatório técnico VDI 2206, Berlim: Beuth Verlag Gmb: Verein Deutscher Ingenieure.* 2004

[20]   - J. M. Legay, "L'experience et le modele. Um discurso sobre o método". *INRA, p. 111.* Paris 1997

[21]   - D. Vanbergue, "Conception de simulation multi-agents: application a la simulation des migrations intra-urbaines de la ville de Bogota". *These de Doctorat, Universite Pierre et Marie Curie - Paris VI.* Paris 2003

[22]   - J. Doran, "Intervening to achieve co-operative ecosystem management: towards an agent based model". *Journal of Artificial Societies and Social Simulation.* 2001

[23]   - F. Pecheux, C. Lallement, A. Vachoux, "VHDL-AMS e Verilog-AMS como linguagens alternativas de descrição de hardware para uma modelação eficiente de sistemas multidisciplinares". *IEEE transactions on Computer-Aided design of integrated Circuits and Systems, vol. 24, pp. 204-225. 24, pp. 204-225.* 2005

[24]   - A. Jardin, W. Marquis-Favre, D. Thomasset, F. Guillemard, F. Lorenz, "Estudo de uma metodologia de dimensionamento e de um gerador de código em modelica para a ferramenta de gráficos de ligações ms1". *Actas da 6ª Conferência Internacional de Modelica, Bielefeld.* Alemanha 2008

[25]   - R. Kasper, A. Koch, A. Kasper, A. Wolf, "Integrierte Entwicklungsumgebung mechatronischer Kfz Komponenten und Kfz-Systeme". *VDI Berichte, pp. 451-465.* 1997

[26]   - H. M. Paynter, "Bond Graph Methodology: Analysis and design of engineering systems". *The M.I.T. Press, Cambridge, Massachusetts.* 1961

[27]   - c. PRINs, "Algorithmes de graphes". *Eyrolles.* 1994

[28]   - W. Marquis-Favre, "Contribution a la conception et la modelisation des systemes mecatroniques (et de leurs sous-systemes mecaniques)". *HDR, Instituto Nacional de Ciências Aplicadas de Lyon, Universidade Claude Bernard Lyon I.* 2007

[29]   - o. Verlinden, "Simulação do comportamento dinâmico de sistemas multi-corpos flexíveis com membros de forma complexa". *Doutoramento em Ciências Aplicadas, Faculdade Politécnica de Mons.* 1994

[30]   - AERIS, "Boeing 737, Ë^иоКе". 2001

[31]   - AERIs, "Boeing 737, Unidade de Potência Auxiliar (APU)". 2001

[32]   - C. Lalaque, "Conhecimentos sobre os sistemas e células JAR-FCL". 2002

[33]   - AERIS, "Boeing 737, Hidráulica". 2001

[34]   - T. Marger, "Conception d'un distributeur de servocommande hydromëcanique sous criteres de cout et de mixabilrt^". *These n° 432 ParisTech.* 2011

[35]   - D. Scholtz, "Aircraft Systems - Reliability, mass Power and Costs". *Apresentado*

no Workshop Europeu sobre Educação em Design de Aeronaves. 2002

[36]   - PUY DE GOYNE T. D., PLAYS Y., LE POURRY P., BESSE J., "Initiation a l^ronautique". *Cepadues.* 2011

[37]   - M. SGHAIRI-HAOUATI, "Arquitecturas inovadoras para sistemas de controlo de voo". *Tese de doutoramento da Universidade de Toulouse.* 2010

[38]   - DASSAULT AVIATION, "1T-AJ1H-2-12 flight control maintenance manual". 1988

[39]   - NORTHROP, "TO 1F-5E-4-2 Manual Técnico de Sistemas de Controlo de Voo". 2006

[40]   - DASSAULT AVIATION, "1T-AJ1H-2-13 maintenance manual aërofreins vol". 1988

[41]   - J. VEAUX, "Les trains d'atterrissage et les systemes asso^s Centre des hautes ëtudes de Division Histoire de l'armement". 2006

[42]   - DASSAULT AVIATION, "1T-AJ1H-2-13 flight landing gear maintenance manual". 1988

[43]   - DASSAULT AVIATION, "1T-AJ1H-2-14 manuel d'entretien installation hydraulique vol". 1988

[44]   - A. TURIOT, M. GENOUILLE-DALFORT, "L'informatique : une aide a la conception des atterrisseurs a tous les niveaux vol". *L'Aeronautique et l'Astronautique, No. 56.* julho de 1975

[45]   - NORTHROP, "To 1F-5E-2-20-7 Manual Técnico Sistemas de Trem de Aterragem de Aeronaves". 2006

[46]   - NORTHROP, "F-5 Technical Digest journal". 1975

[47]   - F. CHEVILLOT, "Nonlinear transient vibrations and coexistences of multi-instabilities induced by friction in an aircraft braking system". *Tese de doutoramento, Ecole Centrale de Lyon.* 2009

[48]   - DASSAULT AVIATION, "1T-AJ1H-2-13 manual d'entretien systeme freinage vol". 1988

[49]   - S. STEINKELLNER, "Modelação e Simulação de Sistemas de Veículos Aéreos sob Incerteza". *Tese Linkoping Studies In Science And Technology.* 2011

[50]   - NORTHROP, "TO 1F-5E-2-1-1, Manual Técnico Geral do Avião". 2005

[51]   - NORTHROP, "TO 1F-5F-2-20-3 Pneudraulics Troubleshooting". 1996

[52]   - NORTHROP, "TO 1F-5E-2-20-7, Manual Técnico dos Sistemas de Trem de Aterragem". 2006

[53]   - NORTHROP, "TO 1F-5E-2-20-3, Pneudraulics, cap. 1F-5AB-2-8-29D, Wheel Brake Control Valve Technical Manual". 2000

[54]   - NORTHROP, "TO 1F-5E-2-20-3, Pneudraulics, cap. 1F-5AB-2-8-4F, Wheel Brake Control Valve Technical Manual". 2000

[55]   - NORTHROP, "TO 1F-5A-2-8, Análise do sistema de travagem das rodas". 2006

[56]   - NORTHROP, "TO 1F-5E-2-20-3, Pneudraulics, cap. 1F-5AB-2-8-5E, Wheel Brake Control Valve Operational Modes". 2000

[57]   - DASSAULT AVIATION, "Notice Technique Distributeur Double vol". 1979

[58]   - DASSAULT AVIATION, "Notice Technique Distributeur Secours vol". 1984

[59]   - DASSAULT AVIATION, "Notice Technique Ëlectrovalve Freinage vol". 1989

[60]   - DASSAULT AVIATION, "Notice Technique gënëratrice tachymëtrique vol". 1979

[61]   - DASSAULT AVIATION, "Notice Technique boitier de regulation Modistop vol". 1990

[62]   - DASSAULT AVIATION, "1T-AJ1H-2-15 Manual de manutenção da instalação eléctrica de voo". 1980

[63]   - DASSAULT AVIATION, "Notice Technique Bloc frein vol". 1986

[64]   - A. NAAMANE, M. RADOUANI, A. SAKA, "Modelação do sistema de travagem de aeronaves, abordagem orientada para os componentes". *IJRRMDS, International Journal of Research and Reviews in Mechatronic Design and Simulation, vol. 1, pp. 43-48*. setembro de 2011

[65]   - A.   NAAMANE,   M.   RADOUANI,   B.   EL   FAHIME, A. SAKA,   "Modëlisation multi-physique d'un ⸺distribuidor de travões de aeronaves". vn .louriiees d'Etudes Techniques. *Congresso Internacional de Mecânica Aplicada, JET'2012, p. 8*. Marraquexe 2012

[66]   - A. NAAMANE, M. RADOUANI, A. SAKA, "Modelação do sistema de travagem de aeronaves, abordagem orientada para os componentes". *[th]CPI'2011, 7 Conferência Internacional sobre Design e Produção Integrados, p. 14*. Oujda 2011

[67]   - NORTHROP, "TO 1F-5E-2-7-5, Teste do sistema de travagem das rodas. Changel - Modo de Emergência, Change2 - Modo Normal". 1987

[68]   - A. NAAMANE, M. RADOUANI, S. AKROUT, B. EL FAHIME, J. Y. CHOLEY, "Modelação do sistema mecatrónico de travagem de aeronaves". *IJMRAE, International Journal of Multidisciplinary Research and Advances in Engineering (Jornal Internacional de Investigação Multidisciplinar e Avanços em Engenharia). Revistas Internacionais Ascent, vol. 5, pp. 37-48*. abril de 2013

[69]   - B. EL FAHIME, "Contribution au Toterancement des Systemes Mëcatroniques". *These de doctorat, Universite Sidi Mohamed Ben Abdellah - Faculte des Sciences et Techniques, CED "Sciences et Techniques de Hngenieur"*. Fes 2012

[70]   - N. MHAITI, A. NAAMANE, M. RADOUANI, B. EL FAHIME, Y. AOURA, "Modelação Multidisciplinar e Co-simulação de uma Válvula de Controlo de Travões de Aeronaves". *[th]CPI'2013, 8 Conferência Internacional sobre Design e Produção Integrados*. Tlemcen - Алдёпе 2013

[71]   - A. NAAMANE, N. MHAITI, R. RADOUANI, B. EL FAHIME, "Co-operative geometricphysical simulation of a multidisciplinary aircraft mechanism," *IJRAME, International Journal of Research in Aeronautical and Mechanical Engineering, vol. 1, pp. 274-280*. novembro de 2013

[72]   - LMS Imagine.Lab AMESim Rev 13, Siemens. *www.lmsintl.com*

Apêndices

Rigidez da mola do distribuidor :

A rigidez da mola do distribuidor foi determinada por meio de um ensaio.

Rigidez, pela aplicação de uma força (Quadro 5).

Válvula tulipa	0,251 Nm^1	Válvula de deteção de pressão	4,61 8 Nm^{-1}
Caule	0,192 Nm^1	Torneira de medição	0,114 Nm^1
Pistão do cilindro principal	0,063 Nm^{-1}	Grande câmara do pistão	29,421 Nm^1
Válvula de vaivém	0,624 Nm^{-1}	Câmara de pistão pequena	25,059 Nm^1

Tabela 5. *Rigidez da mola do distribuidor*

Materiais do distribuidor

O distribuidor é feito principalmente de liga de alumínio-cobre AlCu4MnSi (AW-2017A), que tem boas propriedades mecânicas, particularmente no estado temperado ou amadurecido. [3]As suas propriedades mecânicas (densidade 2,96g/cm; módulo de elasticidade 74000MPa; coeficiente de Poisson 0,33; limite de elasticidade 260MPa; resistência à fratura 390MPa) fazem dela uma escolha popular para aplicações aeroespaciais. Tem também uma boa resistência ao calor e propriedades de descasque. Por outro lado, tem uma fraca resistência à corrosão em atmosferas corrosivas devido à presença de cobre. Em geral, é utilizado para peças sujeitas a tensões. Além disso, o 2017, anteriormente conhecido em França como duralumínio, é utilizado pelas suas boas propriedades de maquinagem.

CRIAÇÃO DE UM MODELO 1D DE UM COMPONENTE AERONÁUTICO
PODE SER INTEGRADO NA INTERFACE AMESIM

Se não existirem modelos de componentes aeronáuticos nas bibliotecas, pode ser criado um modelo básico utilizando a ferramenta AMESim, seguindo os passos descritos abaixo.

Criação do ícone do nosso componente no AMESet

No AMESet, o processo é lançado a partir do menu **Ícones**. Os passos a seguir são :

Passo 1   Determinar se é necessário criar um novo

categoria. Se já tiver uma categoria adequada, avance para o passo 3.

Passo 2   Crie um ícone para a nova categoria.

Selecione Modelação > Definições de categoria > Adicionar categoria

Selecione onde pretende colocar a sua categoria:

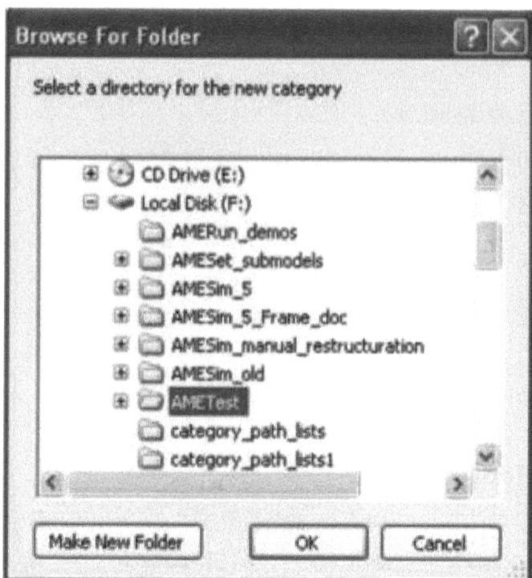

Figura 98. *Localização da nossa categoria*

Se esta localização não estiver no AMESet, aparecerá esta mensagem:

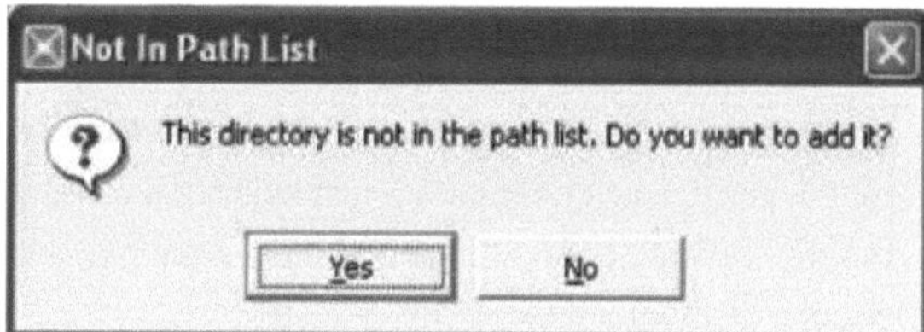

Figura 99. *Mensagem de pedido de validação da localização*

Passo 3   Criar um ícone SOUPAPE_TULIPE

Desenhe o ícone SOUPAPE_TULIPE e não se esqueça da porta.

Adicione este ícone diretamente à localização do tutorial/ícones.

O nome do ícone é: sOuPAPE_TuLiPE.xbm

Passo 4   Verificar se a nossa categoria existe e se contém o ícone desenhado

Passo 5   Escolha uma cor para a nossa categoria: Opções > Preferências de cor

Criação do submodelo do nosso SOUPAPE_TULIPE

Como é que o submodelo vai funcionar? Já decidimos que vamos ter 4 variáveis externas associadas ao porto. Vamos trabalhar com unidades internacionais e dar nomes comuns às variáveis. Em conclusão, temos as seguintes variáveis:

Indicação explícita: "a pressão principal do sOuPAPE_TuLiPE" [bar].

Indicação explícita: "a pressão secundária do sOuPAPE_TuLiPE" [bar].

Variável de base (input): "a força principal no sOuPAPE_TuLiPE" [N]

Variável de base (input): "força secundária sobre o sOuPAPE_TuLiPE" [N].

Massa da TOLLIP_VALVE ' [kg]

Dimensões geométricas ' [m]

Passo 1   Inicie o AMESet, selecione o ícone do TULIPE_SOPA da sua categoria e selecione um novo submodelo.

Passo 2   Dê ao porto 4 variáveis externas e defina-as:

AMESim impõe a seguinte regra: saídas antes de entradas antes de entradas por defeito.

Para corrigir a ordem das variáveis externas, clicar com o botão direito do rato na variável pretendida e selecionar mover para cima ou mover para baixo.

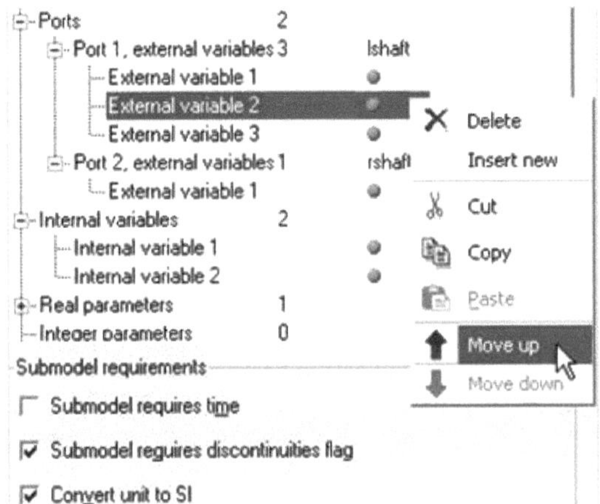

Figura 100: *Alterar a ordem das variáveis externas*

Passo 3   Escolha um número de parâmetros reais de 1 (massa), por exemplo, e defina-o da seguinte forma:

Campo	Valor
Título	Massa de ...
Unidade	kg
Nome da variável	massa
Min.	0.001
Predefinição	1
Máximo	10

Tabela 6. *Parâmetro real (massa)*

Etapa 4   Apresentar uma descrição do submodelo do TULIPE_SOPA :

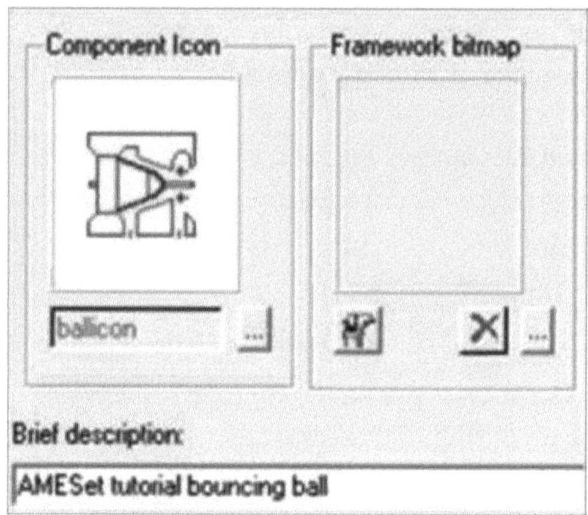

Figura 101. *Descrição do submodelo*

Passo 5   Guardar o submodelo com o nome **SOUPAPE_TULIPE**

Passo 6   Escreva o código para completar o submodelo

```
C >>>>>>>>>>>>Calculation Function Executable Statements.
/* Submodel SOUPAPE_TULIPE skeleton created by AME Submodel editing
utility
   jeu. 13. déc. 10:56:52 2012 */
#include <math.h>
#include <stdio.h>
#include <stdlib.h>
#include "ameutils.h"
/* ****************************************************************
TITLE :
  -----------------------------------------------------------------
---------------
DESCRIPTION :
  -----------------------------------------------------------------
---------------
USAGE :
  -----------------------------------------------------------------
---------------
PARAMETER SETTINGS :
  -----------------------------------------------------------------
---------------
REVISIONS :

****************************************************************
************** */
/* >>>>>>>>>>>>Insert Private Code Here. */
```

```c
/* <<<<<<<<<<<<End of Private Code. */
void soupape_tulipein_(int *n)
{
   int loop, error;
/* >>>>>>>>>>>>Extra Initialization Function Declarations Here. */
/* <<<<<<<<<<<<End of Extra Initialization declarations. */
   loop = 0;
   error = 0;
/* >>>>>>>>>>>>Initialization Function Check Statements. */
/* <<<<<<<<<<<<End of Initialization Check Statements. */
   if(error == 1)
   {
      amefprintf(stderr,  "\nWarning  in  SOUPAPE_TULIPE  instance
%d.\n", *n);
   }
   else if(error == 2)
   {
      amefprintf(stderr, "\nFatal error in SOUPAPE_TULIPE instance
%d.\n", *n);
      amefprintf(stderr, "Terminating the program.\n");
      AmeExit(1);
   }
/* >>>>>>>>>>>>Initialization Function Executable Statements. */
/* <<<<<<<<<<<<End of Initialization Executable Statements. */
}
/*  There are 4 ports.
   Port 1 has 0 variables:
   Port 2 has 0 variables:
   Port 3 has 0 variables:
   Port 4 has 0 variables:
*/
/*  There are 0 internal variables.
*/
void soupape_tulipe_(int *n)
{
   int loop;
/* >>>>>>>>>>>>Extra Calculation Function Declarations Here. */
/* <<<<<<<<<<<<End of Extra Calculation declarations. */
   loop = 0;
/* >>>>>>>>>>>>Calculation Function Executable Statements. */
/* <<<<<<<<<<<<End of Calculation Executable Statements. */
}
```

Passo 7 Compilar o código e corrigir eventuais erros.

Passo 8 Verificar se é possível utilizar o submodelo no AMESim

Verifique se o submodelo pode ser ligado aos ícones castanhos na biblioteca Hydraulic Compenent Design. As portas do submodelo devem poder ligar-se a outras que forneçam pressão e caudal.

força. Experimenta estas ligações:

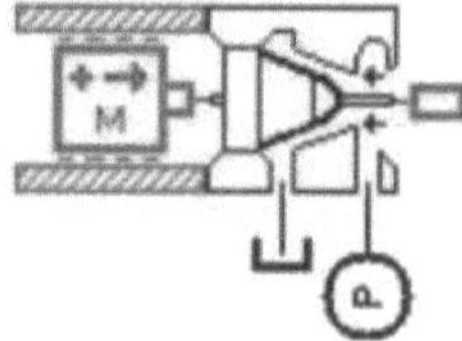

Figura 102. *Verificação da ligação SOUPAPE_TULIPE*

Ligar a TUBE VALVE a uma fonte de força zero.

Execute a simulação com os parâmetros predefinidos e poderá ver como se comporta a TULIP_VALVE.

Apêndice 3

MODELO DE PEDAL DE TRAVÃO AMESIM 72]

```
*******************************************************************
TITLE : BRAKE PEDAL
  ----------------------------------------------------------------
--------------
DESCRIPTION :
    This is a simple model of a brake pedal ; it computes the force
that is applied on the rod from the driver input on the pedal which
can be either a  force or a displacement.
    The relation between output and input can be defined by two
different ways :
        - as a datafile
        - as an expression
  ----------------------------------------------------------------
--------------
USAGE :
    Use this element to model a brake pedal ; it must be located
just before the model of power brake booster.
  ----------------------------------------------------------------
--------------
PARAMETER SETTINGS & EQUATIONS :
    In both cases - table or an expression setting - the output
force on the rod is asked in function of the input force on the
pedal.
  ----------------------------------------------------------------
```

```c
/* >>>>>>>>>>>>Insert Private Code Here. */
/* <<<<<<<<<<<<End of Private Code. */

/* There are 2 real parameters:
   xminslope slope for x < xmin [null]
   xmaxslope slope for x > xmax [null]
*/
/* There are 5 integer parameters:
   spline interpolation type
   lmode  linear data out of range mode
   bcond  boundary conditions
   cmode  cubic data out of range mode
   disc   discontinuity handling
*/
/* There is 1 text parameter:
   filexp filename or expression for output force Fout = f(Fin)
Fout in N , Fin (N or m or %)
*/
void poigne0lin_(int *n, double rp[2], int ip[5], char *tp[1]
     , int ic[1])
{
   int loop, error;
/* >>>>>>>>>>>>Extra Initialization Function Declarations Here.
*/
   int dim = 1,          /* table dimension = 1 */
       num_tokens = 1,   /* number of variables in the expression
= 1 */
       int_mode,         /* interpolation mode */
       ext_mode[2],      /* extrapolation mode */
       bcond_array[2];
   double slopes[2];
   static char *var[] = { "Fin" }; /* name of the variable */
/* <<<<<<<<<<<<End of Extra Initialization declarations. */
   int spline, lmode, bcond, cmode, disc;
   double xminslope, xmaxslope;
   char *filexp;
   spline     = ip[0];
   lmode      = ip[1];
   bcond      = ip[2];
   cmode      = ip[3];
   disc       = ip[4];
   xminslope  = rp[0];
   xmaxslope  = rp[1];
   filexp     = tp[0];
   loop = 0;
   error = 0;
/*
   If necessary, check values of the following:
   rp[0..1]
*/
/* >>>>>>>>>>>>Initialization Function Check Statements. */
   if (spline == 1)
   {
```

```c
        bcond_array[0] = lmode;
        bcond_array[1] = lmode;
    }
    else if (spline == 2)
    {
        bcond_array[0]  = bcond;
        bcond_array[1]  = bcond;
        slopes[0]       = xminslope;
        slopes[1]       = xmaxslope;
        ext_mode[0]     = cmode;
        ext_mode[1]     = cmode;
    }
/* int_mode = 1 : constant interpolation
   int_mode = 2 : linear interpolation
   int_mode = 3 : cubic interpolation */
   int_mode = spline + 1;
   ic[0] = strinit_(filexp, &dim, var, &num_tokens, &int_mode,
bcond_array, ext_mode, slopes, &disc);
   if (ic[0] < 0)
   {
      /* An error occured during spline initialization. */
      amefprintf(stderr, "\nCannot initialize spline %s.\n",
filexp);
      error = 2;
   }
/* <<<<<<<<<<<<<End of Initialization Check Statements. */

/*   Integer parameter checking:    */

   if (spline < 1 || spline > 2)
   {
      amefprintf(stderr, "\ninterpolation type must be in range
[1..2].\n");
      error = 2;
   }
   if (lmode < 1 || lmode > 2)
   {
      amefprintf(stderr, "\nlinear data out of range mode must be
in range [1..2].\n");
      error = 2;
   }
   if (bcond < 1 || bcond > 3)
   {
      amefprintf(stderr, "\nboundary conditions must be in range
[1..3].\n");
      error = 2;
   }
   if (cmode < 1 || cmode > 2)
   {
      amefprintf(stderr, "\ncubic data out of range mode must be
in range [1..2].\n");
      error = 2;
   }
```

```c
   if (disc < 1 || disc > 2)
   {
      amefprintf(stderr, "\ndiscontinuity handling must be in
range [1..2].\n");
      error = 2;
   }
   if(error == 1)
   {
      amefprintf(stderr, "\nWarning in POIGNE01 instance %d.\n",
*n);
   }
   else if(error == 2)
   {
      amefprintf(stderr, "\nFatal error in POIGNE01 instance
%d.\n", *n);
      amefprintf(stderr, "Terminating the program.\n");
      AmeExit(1);
   }
/* >>>>>>>>>>>>>Initialization Function Executable Statements. */
/* <<<<<<<<<<<<<End of Initialization Executable Statements. */
}
/*  There are 2 ports.
   Port 1 has 1 variable:
      1 f1      pedal output torque at port 1 [Nm] multi line
macro 'poigne01_macro0_'
   Port 2 has 1 variable:
      1 f2      pedal input at port 2 [null] basic variable input
*/

/*  There are 0 internal variables.
*/
#if 0
/* THE CALCULATION FUNCTION WILL NOT BE CALLED. */
void poigne01_(int *n, double *f1, double *f2, double rp[2], int
ip[5]
      , char *tp[1], int ic[1])
{
   int loop;
/* >>>>>>>>>>>>>Extra Calculation Function Declarations Here. */
/* <<<<<<<<<<<<<End of Extra Calculation declarations. */
   int spline, lmode, bcond, cmode, disc;
   double xminslope, xmaxslope;
   char *filexp;
   spline     = ip[0];
   lmode      = ip[1];
   bcond      = ip[2];
   cmode      = ip[3];
   disc       = ip[4];
   xminslope  = rp[0];
   xmaxslope  = rp[1];
   filexp     = tp[0];
   loop = 0;
/*
```

```c
   Set all submodel outputs below:
*/
/* >>>>>>>>>>>>Calculation Function Executable Statements. */
/* <<<<<<<<<<<<End of Calculation Executable Statements. */
}
#endif
extern double poigne01_macro0_(int *n, double *f2, double rp[2]
      , int ip[5], char *tp[1], int ic[1])
{
   double f1;
   int loop;
/* >>>>>>>>>>>>Extra Macro Function macro0 Declarations Here. */
   int success;
/* <<<<<<<<<<<<End of Extra Macro macro0 declarations. */
   int spline, lmode, bcond, cmode, disc;
   double xminslope, xmaxslope;
   char *filexp;
   spline     = ip[0];
   lmode      = ip[1];
   bcond      = ip[2];
   cmode      = ip[3];
   disc       = ip[4];
   xminslope  = rp[0];
   xmaxslope  = rp[1];
   filexp     = tp[0];
   loop = 0;
/*
   Define and return the following macro variable:
   f1         = ??;
*/
/* >>>>>>>>>>>>Macro Function macro0 Executable Statements. */
   success = streval_(&ic[0], f2, &f1);
   if (success == 0)
   {
      amefprintf(stderr, "\nCannot evaluate expression or read
filename %s.\n", filexp);
      amefprintf(stderr, "\nFatal error in BRAKE PEDAL instance
%d.\n", *n);
      amefprintf(stderr, "Terminating the program.\n");
      AmeExit(1);
   }
/* <<<<<<<<<<<<End of Macro macro0 Executable Statements. */
   return f1;
}
```

1- Porto hidráulico

Equações de cálculo do caudal de saída

- $Dh = 4 \cdot A / P$
- $\Lambda = Dh \cdot v / \mu = \sqrt{2\,\Delta p / \rho} \cdot Dh / \mu$
- $Cq = Cqm \cdot Tan\,(2 \cdot \lambda / \lambda crit)$
- $Q = Cq \cdot A \sqrt{2\,\Delta p / \rho}$

```
Dh     : Diamètre hydraulique
A      : Surface en coupe transversale de l'orifice
P      : Périmètre mouillé de section transversale
Cq     : Coefficients de débit
λ      : Nombre de Reynolds
λcrit  : Nombre de Reynolds du transfert de laminaire-turbulent
µ      : Viscosité
ρ      : Densité
Q      : Débit
```

Code C de génération des différentes fonctions associées

```c
extern double orif4f_
 (
#ifndef _NO_PROTO
double *p1, double *p2, double *area, double *hd,
int *indexlambda, double *cq, double *lambda, double *flv
#endif
 );
 orif4f_(p1, p2, area, hd, indexlambda, cq, lambda, flv);
```

Ajustement des paramètres d'entrée de l'orifice

Title	Value	Unit
index of hydraulic fluid		0
parameter set for pressure drop	orifice diameter/maximum flow coefficient pair	
equivalent orifice diameter	1.5	mm
maximum flow coefficient		0.7 null
critical flow number (laminar -> turbulent)		1000 null

Ajuste dos parâmetros de entrada do orifício

2- Cilindro hidráulico de mola de câmara dupla

Descrição

O modelo inclui a dinâmica da pressão em ambos os volumes da câmara, a fricção viscosa e a fuga interna do pistão. Uma velocidade e um deslocamento externos (Inputs) devem ser fornecidos ao veio do Porto 3 por outro modelo e a força gerada é o parâmetro Output. Ambos os orifícios de fluxo requerem o fluxo como entrada e a pressão gerada como saída. Devido a um parâmetro de enumeração, o cilindro pode ser utilizado em dois modos diferentes, com ou sem a "utilização de uma deslocação inicial":

Com : o movimento inicial do componente externo ligado ao orifício 3 é ignorado, e a inicialização é efectuada internamente no pistão ;

Sem: a posição inicial do atuador é determinada pelo componente externo ligado ao porto3.

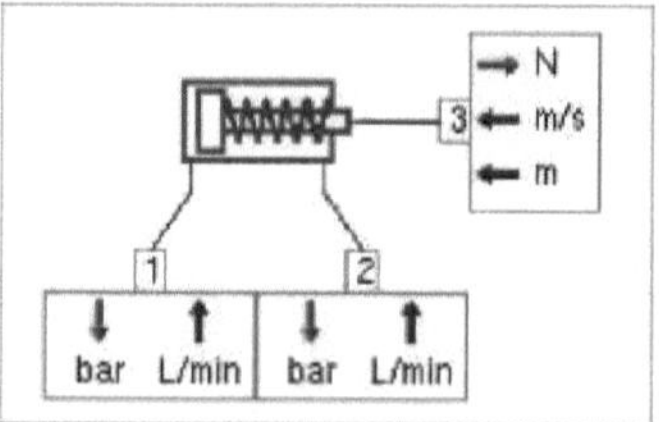

Variáveis externas

Título	Variável	uI Unite I	Tipo	Entrada/Saída I	Valor por defeito
Porto 1					
1 orifício de pressão 1	p1	bar	Estado explícito	resultado	0
2 débito da porta 1	q1	L/min	variável de base	entrada	-
Porto 2					
1 orifício de pressão 2	p2	bar	Estado explícito	resultado	0
2 débito da porta 2	q2	L/min	variável de base	entrada	-
Porto 3					
1 força exercida pela haste do cilindro	rã	N	variável de base	resultado	-
2 Velocidade de entrada	v	m/s	variável de base	entrada	-
3 MOVIMENTO	x	m	variável de base	entrada	-

Variáveis internas

Título	Variável	Unidade	Tipo	por defeito
Deslocamento do pistão	xact	m	variável de base	-
Taxa de fuga	vazamento	L/min	variável de base	-
Atividade de dissipação hidráulica (fugas)	actRleak	J	Estado explícito	0
Potência de dissipação hidráulica (fuga)	powerRleak	W	potência variável	-
energia de dissipação hidráulica (fuga)	energyRleak	J	Estado explícito	0
Atividade de capacidade hidráulica (chambrel)	actCâmara	J	Estado explícito	0
Capacidade hidráulica (chamberl)	powerCchamberl	W	variável de potência	-
Energia da capacidade hidráulica (chambrel)	energiaCâmara de	J	Estado explícito	0
Atividade de capacidade hidráulica (câmara2)	actCâmara2	J	Estado explícito	0
Capacidade hidráulica (câmara2)	powerCchamber2	W	Variável de potência	-
Capacidade hidráulica energia (câmara2)	energyCchamber2	J	Estado explícito	0
Atividade de dissipação mecânica (fricção)	actRfrict	J	Estado explícito	0
Potência de dissipação mecânica (fricção)	powerRfrict	W	Variável de potência	-
energia de dissipação mecânica (fricção)	energiaRfrict	J	Estado explícito	0
Ativação da capacidade mecânica (mola)	actCspring	J	Estado explícito	0
Potência da capacidade mecânica (mola)	powerCspring	W	Variável de potência	-
Energia da capacidade mecânica (mola)	energiaPrimavera	J	Estado explícito	0
Atividade da fonte de água (patm)	actSpatm	J	Estado explícito	0
Potência da fonte hidráulica (patm)	powerSpatm	W	Variável de potência	-
Energia proveniente de fontes hidráulicas (patm)	energiaSpatm	J	Estado explícito	0

Parâmetros reais

Título	Variável Unidade Valor

			por defeito
Deslocamento do pistão	xact0	m	0
Diâmetro do pistão	lâmpada	mm	25
Diâmetro do caule	diamante	mm	l2
Comprimento do curso	derrame	m	0.3
Volume do ponto de equilíbrio porto 1	haltere	cm**3	50
Volume do ponto de equilíbrio porto 2	morto2	cm**3	50
Coeficiente de atrito viscoso	Cvisc	N/(m/s)	0
Coeficiente de fuga	Limpar	L/min/bar	0
Carga da mola	preld	N	0
Constante de retorno da mola	Ksprng	N/m	10000
Constante de retorno da mola	k	N/mm	100000
Coeficiente de amortecimento em fim de curso	Cdamp	N/(m/s)	100000
A deformação em fim de curso com taxa de amortecimento é totalmente eficaz	distdef	mm	0.001

Parâmetros inteiros

1	Título		Variável 1	Valor por	defeito1
Índice de fluido hidráulico		indexf	0		
Utilização do movimento inicial		usedispl	l: sim		

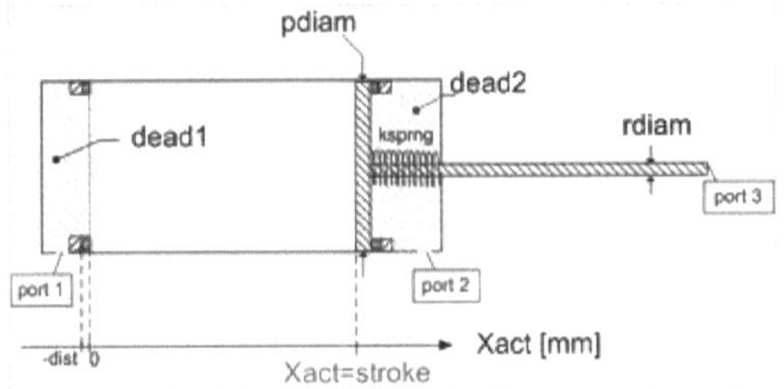

Esboços e equações

> Mecânica

A força exercida pela haste devido à pressão, ao atrito viscoso e à força da mola é :

$$f_{rod} = p_1 A_1 - p_2 A_2 + v.c_{visc} - p_{reld} - k_{spring} x_{act}$$

Com : $A_1 = \pi.diam_p^2 / 4$ et $A2 = \pi.(diam_p^2 - diam_r^2) / 4$

Em que: A1 é a área da secção transversal do pistão em que ativa a pressão P1 ;

A2: a superfície anular sobre a qual é aplicada a pressão P2.

Será aplicada uma força adicional se o pistão entrar em contacto com o batente final. Por conseguinte, existem três modos de funcionamento distintos: $_{act}$■ No encaixe da extremidade inferior se $x < 0$: a seguinte expressão é adicionada a f_{rod}

$$-k x_{act} + v.cd_{touse}$$

Où : $cd_{touse} = k.[1 - \exp(x_{act} /distdef)]$

Ou :

actstroe■ na curva superior se x > x k : Do mesmo modo, adiciona-se o seguinte termo a f_{rod}

$$- k.(x_{act} - stroke) + v.cd_{touse}$$

Où : $cd_{touse} = k.[1 - \exp((x_{act} - stroke) / distdef)]$

Ou :

encaixe de extremidade livre: a espuma não é modificada

si $x > 0$ $f_{rod} = k.x + r_{eff}.v$;   avec : $r_{eff} = r. (1 - \exp(-x/e))$

si $x \leq 0$ $f_{rod} = 0$

se

se

```
k: rigidez de contacto
x : deslocamento relativo entre os dois corpos em movimento reff
   coeficiente de amortecimento de contacto efetivo
v: velocidade relativa entre os dois corpos em movimento e   :
deformação
```

Assim, o valor da força aplicada à carga depende do *Xact* do deslocamento do pistão nos dois casos seguintes:

■   com "utilização da deslocação inicial" :

O parâmetro *Xacto* é utilizado para definir a deslocação inicial do pistão.

Na primeira chamada à função de cálculo, o desvio entre esta deslocação e a deslocação inicial do componente externo no orifício 3 é calculado e armazenado na variável intermédia C :

$$C = x_{act0} + x_{firstcall}$$

O valor de C é retido, e o valor de *Xact* pode então ser determinado a partir de x durante a simulação utilizando :

$$x_{act} = C - x$$

Consequentemente, as posições absolutas do pistão (*xact*) e do componente externos ao porto 3 (*x*) são independentes. Apenas as suas deslocações relativas são iguais.

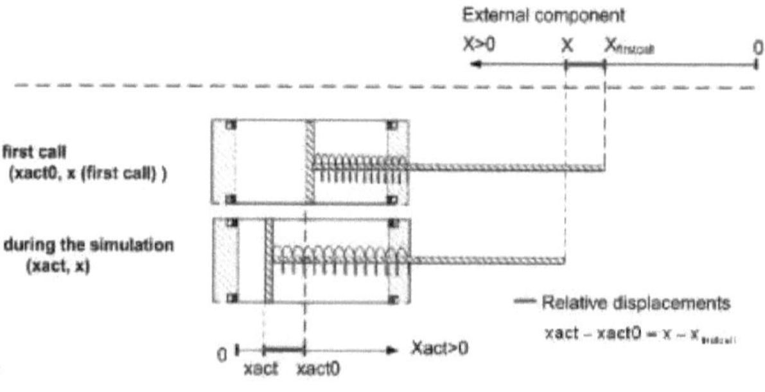

- Sem "utilização da deslocação inicial":

Neste caso, o deslocamento inicial do componente externo no orifício 3 (*x*) é o mesmo que o deslocamento do pistão *xact*.

$$x_{act} = -x$$

- **Hidráulica**

Taxa de fuga $\quad q_{leak} = (p_1 - p_2).leak$

- Cálculo da derivada de pressão no orifício 1

O volume de fluido na câmara correspondente ao orifício 1 é :

$$vol_1 = A_1.x_{act} + dead_1$$

O caudal na câmara no orifício 1 é :

$$inflow_1 = q_1 - q_{leak} - v.A_1.\rho(p_1)/\rho(0)$$

Cálculo da derivada de pressão no orifício 2

O volume de fluido na câmara correspondente ao orifício 1 é :

$$vol_1 = A_1.(stroke - x_{act}) + dead_1$$

O caudal na câmara no orifício 2 é:

$$inflow_2 = q_2 - q_{leak} - v.A_2.\rho(p_2)/\rho(0)$$

Printed by Books on Demand GmbH, Norderstedt / Germany